KB188007

나의 태도로

너를 대하지 않게

남현정 지음

프롤로그

　오랜 기간 대학에서 학생들의 진로를 탐색하고 설계하는 교과목을 지도하면서 수많은 학생과 학부모를 만나왔습니다. 요즘 학생들의 진로 선택 기준은 과거와 비교했을 때 많은 변화가 있었습니다. 단순히 안정적인 직업을 찾는 것이 아니라, 개인의 가치관과 삶의 방식에 맞는 진로를 고민하는 경향이 강해지고 있습니다. 이에 맞추어 자녀교육에 대한 트랜드 역시 변화하고 있습니다. '어떤 길을 가느냐'보다 '어떤 아이로 성장하느냐'입니다. 아이가 자신이 가진 강점을 이해하고, 이를 삶의 방향성과 연결할 수 있다면 더 의미 있는 진로를 개척할 수 있습니다.

　그렇다면 부모는 자녀를 양육하는 과정에서 어떤 역할을 해야 아이는 행복한 삶을 살 수 있는데 도움이 될까요? 강점은 단순히 눈에 보이는 행동이나 성과로만 나타나는 것이 아닙니다. 어떤 강점은 비가시적인 형태로 존재하며, 시간이 지나면서 서서히 드러나기도 합니다. 따라서 아이가 가진 잠재력을 발견하고, 이를 긍정적인 방향으로 이끌어주는 것이야말로 부모가 해줄 수 있는 가장 중요한 지원이 될 것입니다.

　이 책은 자녀를 양육하는 엄마의 입장에서 아이의 강점을 발견하고 개발하는 과정이 곧 진로선택과 연결되어 있으며, 나아가 생애에 걸쳐서 인생을 살아가는 힘이 된다는 믿음에서 글을 쓰게 되었습니다. 이 책의 1장에서 엄마가 지닌 자녀 양육에 대한 태도를 이해하고, 자녀의 행동에 대한 새로운 이해를 통해서 긍정적인 관계를 돕는 방법을 안내합니다.

2장에서는 부모와 아이의 행동유형을 분석하고, 자녀양육에 어떻게 적용하고 활용할 수 있는지 알아봅니다. 엄마의 양육스타일과 자녀의 행동유형을 연결하여 살펴보면 부모와 자녀 간의 갈등을 줄이고 유대감을 형성하는 기초가 됩니다.

3장과 4장에서는 우리 아이가 지닌 강점을 발견하고 이를 활용하는 방법을 깊이 다루고 있습니다. 장점과 강점의 차이를 알아보고 강점을 기반한 자녀양육이 자녀의 진로탐색과 설계 미치는 영향을 알아보고자 합니다.

5장에서는 많은 부모는 아이의 성장에 매우 관심을 가지고 지원하려고 노력합니다. 자녀가 성장하는 동안 부모도 함께 성장하고 변화해야만 건강한 관계 형성이 가능해 집니다. 서로를 이해하고 성장하는 과정에서 아이는 자신감을 갖고 긍정적인 자아를 형성할 수 있고, 부모는 한층 더 성숙한 방식으로 아이를 지원할 수 있습니다.

이 책은 단순히 가족 간의 소통 방법을 알려주는 지침서가 아니라, 부모와 아이가 함께 소통하며 마음을 나누고 긍정적인 관계를 성장시킬 수 있도록 돕는 책입니다.

저자 역시 두 자녀를 둔 직장맘으로서 자녀 양육에 깊은 관심을 가지고 있으며, 부족함을 느끼는 순간마다 스스로를 지속적으로 성장시키려 노력하고 있습니다. 이러한 마음으로 이 책을 쓰게 되었으며, 저와 같은 고민을 하는 부모들에게 작은 힘이 되기를 바랍니다.

목차

1장

2장

3장

4장

5장

프레드 로저스 (Fred Rogers)

"아이들에게 가장 필요한 것은
완벽한 부모가 아니라,
실수를 인정할 줄 알고
사랑을 나눌 줄 아는 부모다."

1장

: 아이는 엄마의 관심으로 자라요

1

엄마 자신을 이해하기

자녀를 양육하는 과정에서 가장 먼저 중요하게 생각할 점은 엄마 자신을 이해하는 것입니다. 엄마가 평소 아이를 대하는 반복적인 행동 패턴이나 대화 방법, 성격 등을 충분히 인식하지 못하면, 자녀와의 건강한 관계를 형성하는 데 어려움을 겪을 수 있습니다.

엄마가 자신의 행동을 인식하고 이해하는 것은 자녀의 행동과 감정을 이해하고 대응하는 데 많은 도움이 됩니다. 이는 아이와 관계에서 불편했던 여러 문제점을 개선하고 해결하는데 출발점이 되기도 합니다. 자신이 인식하지 못했던 행동 패턴이나 감정들을 충분히 이해하고 그것을 통제하고 조절할 수 있다면 아이와의 상호작용이 더욱 원활하게 될 수 있습니다.

강연에서 육아에 힘들어하는 엄마들을 만날 때면, 자녀를 양육하는 과정에서 자신의 감정을 투영해서 아이를 대한 경험을 이야기할 때가 많습니다. 예를 들어, 아이를 양육하다보면 심신이 피곤하고 스트레스받는 상황에 처할때가 종종 있습니다. 그럴 때면 별거 아닌 아이의 행동에도 과잉 반응을 보이고 화를 내거나 평소와는 다른 차가운 말투로 대하고는 후회했던 순간이 엄마라면 누구나 있습니다.

엄마가 평소 자신을 대하는 행동이나 태도에 따라서 아이는 자신을 바라보는 방식을 만들어나갑니다. 엄마가 매일 아이에 행동에 대해 감정을 조절하지 못하고 꾸짖고 힘들어하는 모습을 자주 경험한 아이는 엄마의 작은 목소리 변화에도 긴장하고 자신이 또 무엇을 잘못했는지 자책하게 되고 자신감을 잃을 가능성이 높습니다.

이처럼 엄마가 자신의 감정 상태를 잘 인식하지 못하면, 자신의 감정과 아이의 행동을 균형있게 이해하기보다 지나치게 자신의 문제로 또는 아이의 문제로 치부하고 부정적인 측면만을 보고 잘못된 해석을 하게 됩니다. 반면, 엄마가 자신의 감정을 충분히 알고 있고 미처 인식하지 못했던 자신의 행동을 이해하고 상황을 예측할 수 있다면 아이의 행동에 대해 이전보다 나은 방식으로 대처할 수 있습니다.

자기를 이해하는 것은 자신을 확인하고 관찰하는 것을 넘어 미처 인식하지 못했던 자신의 부족한 점을 개선하는 과정이 반드시 동반해야 합니다.

엄마가 자신의 행동과 감정을 잘 이해하고 아이와의 관계를 개선하는 데 도움이 되는 방법으로 감정일기쓰기 추천합니다.

감정일기쓰기

보통 일기는 하루의 일과를 되돌아보고 일어났던 일과 감정을 기록하는 것입니다. 감정을 이해하고 아이와의 소통을 조금 더 원활하게 하고 싶으면 감정일기를 추천하고 싶습니다. 매일 아이로 인해 기쁨을 느꼈던 일, 화가 나게 했던 아이의 행동, 엄마를 당황스럽게 했던 아이의 실수 등 감정에 변화에 대한 부분에 집중해서 매일 써 내려가는 겁니다.

그러다 보면 나에게 긍정적인 감정을 불러오는 사건은 어떤 유형의 일인지, 나에게 불편한 감정을 불러일으키는 사건은 무엇인지를 조금 더 가시적으로 분류하게 되고 인식할 수 있습니다.

7살 아이를 둔 한 엄마의 사례를 들어보겠습니다. 자신에게 긍정적인 감정과 부정적인 감정을 불러왔던 지난 일들을 살펴보고 저와 이야기를 나눈 적이 있습니다. 유치원에 등원하는데 아이가 스스로 일찍 일어나는 날은 긍정적인 감정을 느낀 것을 확인하였고 또 아이를 깨우느라 애를 먹고 심지어는 화를 내고 유치원에 힘들게 보낸 날은 평소와는 다른 부정적인 감정을 확인할 수 있었습니다.

위 사례에서처럼 엄마의 맘처럼 아이가 따라 주지 않을 때의 조바심과 스트레스를 줄이려면 아이의 행동에 내가 느낀 감정을 알아차리는 것이 출발점입니다. 그러나 이것은 시작에 불과합니다. 긍정적인 감정을 불러일으키는 일들을 자주 만들고 좋지 않은 감정을 줄여나가는 개선의 과정이 완전한 자기이해의 과정입니다. 엄마의 긍정적인 감정을 불러일으키는 사건을 위한 준비가 필요합니다. 아이의 수면 루틴을 점검해서 원활한 등원을 위해서 전날 조금 일찍 잠자는 습관을 기르도록 하거나 아이가 스스로 일찍 일어나게 되었을 때 엄마가 줄 수 있는 좋은 보상에 대한 것을 아이와 소통을 통해 좋은 습관을 만들어나가도록 동기를 부여하고 점차 문제를 해결하려는 것이 감정일기를 쓰는 목적입니다.

2

자녀 행동을 바라보는 새로운 엄마의 시선

　엄마가 어떤 관점으로 아이의 행동을 바라보느냐에 따라 아이와의 관계는 달라집니다. 아이가 하는 행동은 많은 감정과 생각을 담고 있습니다. 다시 말해서 아이는 행동으로 다양한 감정을 표현하고 생각을 드러낸다고 볼 수 있습니다. 아이를 이해하고 아이와의 건강한 관계를 만들어나가려면 아이의 행동을 바라보는 엄마의 새로운 시각이 필요합니다, 이번 장에서는 엄마의 새로운 시선을 통해 아이의 행동을 새롭게 해석하고 아이의 행동을 통해 아이의 감정과 메시지를 알아보도록 하겠습니다.

　어린아이일수록 말보다 행동으로 자신을 표현하는 경우가 많습니다. 때에 따라서는 성장하면서도 자신을 표현하는 연습이 부족한 아이는 행동으로 자신을 표현하는 경우가 있습니다. 평소 하지 않던 반항이나 고집을 부리는 아이의 행동을 경험한 엄마는 당황하게 됩니다. 성장에 따른 아이의 행동은 달라지며 그러한 아이의 행동을 새로운 시선으로 바라본다면, 달라진 아이에 행동들이 아이의 감정을 드러내고 표현하는 신호로 해석될 수 있습니다.
　엄마가 아이를 새로운 시각에서 바라본다면 아이의 행동에는 여러 가지 표현이나 욕구를 알아차릴 수 있습니다.

예를 들어, 엄마가 하는 일을 도와주거나 자신에게 주어진 일을 잘 수행하고 "엄마, 어때? 나 잘했어?"라고 물어보며 엄마의 긍정적인 관심을 유도하는 행동을 하는 아이가 있습니다. 또는 가사 일로 바쁜 엄마에게 지속적으로 말을 걸거나 떼를 쓴다면, 이러한 행동은 단순히 엄마를 힘들게 하고 화나게 하려는 행동이 아니라 엄마의 관심을 끌고자 하는 욕구가 강한 아이일 가능성이 큽니다.

아이의 실수와 부정적인 행동에 대해 비난하거나 처벌하기보다는 성장 과정에서 자연스러운 일이라고 이해하고 긍정적인 면에 대한 해석이 필요합니다. 예를 들어, 대인관계에서 과도하게 부끄럼을 많이 타는 아이에게는 신중함과 세심함을 길러줄 수 있는 놀이활동으로 시작하는 것이 아이의 단점을 극복하고 강점을 향상시킬 수 있습니다.

위 두 사례에서처럼 아이의 행동을 바라보는 새로운 시선은 아이의 입장에서 이해하고 공감하는 것부터 시작합니다. 엄마 자신의 입장이 아닌 아이의 입장에서 아이의 감정과 생각을 이해하는 과정이라고 할 수 있습니다.

공감은 단순히 아이의 말에 귀를 기울이고 '그랬구나'라고 대답하는 것이 아니라, 그들의 감정을 진심으로 느끼고 반응해 주는 것이라고 할 수 있습니다. '엄마 잠 안잘거에요" 라고 아이가 말할 때, "지금 시간이 몇 시인데 안 자니? 얼른 자"라는 표현으로 훈육하고 강요하는 대신 "잠이 오지 않을 만큼 재밌는 일이 있는 거야? 라는 감정을 물어보는 표현으로 대화를 시작하는 것이 공감하는 대화의 시작이라고 할 수 있습니다.

아이와의 소통에서 "왜 안자니?"보다는 "어떤 마음의 상태일까?"라는 표현이 더 효과적입니다. 엄마의 언어표현은 아이로 하여금 엄마가 자신의 감정에 관심을 가지고 있고 이해하고 있다고 느끼게 하며 그로 인해 아이의 마음이 점차 열리게 됩니다.

아이는 엄마가 원하지 않은 방식으로 행동하고 세상을 경험하며 학습할 수 있습니다.

예를 들어, 편식이 심한 아이의 경우 단순히 까탈스럽다고 엄마는 인식할 수 있으나 아이의 입장에서는 신중하게 음식의 맛을 탐미하고 자신에게 맞은 음식을 천천히 찾아가는 성향이 있는 아이라고 해석한다면, 과도한 훈계나 질책 대신 효과적인지도 방법을 찾도록 엄마는 노력해야 합니다.

부정적인 행동은 어릴 때 빨리 고쳐주어야 한다고 생각하는 엄마는 아이의 행동에 엄격한 잣대를 들이대게 됩니다. 칭찬은 고래도 춤추게 한다는 말이 있습니다. 아이의 행동을 바라볼 때, 부정적인 행동보다는 긍정적인 행동에 대한 긍정적인 피드백이 중요합니다. 엄마와 약속한 규칙을 아이가 잘 따르거나, 평소 두려워했던 새로운 것에 대해 스스로 해내려고 노력했다면 이를 알아차리고 긍정적인 순간을 칭찬해 주는 것이 아이의 자존감 향상에 크게 도움이 됩니다.

새로운 시선으로 자녀를 바라보는 것은 단순히 엄마의 관점 전환이 아니라, 아이와의 관계를 바꾸는 터닝포인트가 된다는 점을 잊지 말아야 합니다. 아이들이 하는 행동에는 엄마를 향한 다양한 표현의 메시지가 담겨 있습니다. 이 메시지를 잘 읽어내는 엄마가 아이를 존중하게 되고 아이와의 갈등을 줄여나갈 수 있습니다.

3

가족 간의 이해 부족과 갈등

위키백과에 따르면 가족은 대체로 혈연, 혼인으로 관계되어 같이 일상생활을 공유하는 사람들의 집단공동체 또는 그 구성원을 말합니다. 다시 말해서 가족은 가장 가깝게 연결된 관계 속에 있는 사람들입니다. 가족은 가장 가깝게 연결된 관계이긴 하지만 서로를 충분히 이해하지 못함으로 인한 갈등이 발생한 주변의 사례를 자주 볼 수 있습니다. 이번 장에서는 배우자와 자녀 간의 이해 부족으로 갈등이 유발되는 상황에 대해 다루고자 합니다.

자녀와 부모의 갈등 요인으로 세대 차이, 부모의 양육방식에 대한 자녀의 인식 차이, 인간 발달학적 측면에서 성장 과정 특징에 따른 갈등 등 다양한 요인이 있습니다.

부모와 자녀는 너무도 다른 시대를 경험하고 살아왔기 때문에 가치관과 삶을 바라보는 태도, 소통 방식 등에 많은 차이를 보입니다. 어떤 부모는 예절과 책임감을 자녀 양육에 중요한 가치로 여기는 반면에 자녀는 자유와 소통을 더 중요한 삶의 가치로 여길 수 있습니다. 이러한 차이는 행동이나 대화시 말투 등에 있어서 상호 간의 차이를 유발할 수 있고 이런 차이가 결국 의사소통 단절이라는 극단적인 결과를 가져올 수도 있습니다.

가족은 오랜 시간 같은 공간에서 함께 생활하기 때문에 말하지 않아도 서로를 잘 알고 있다고 생각할 수 있고 자유롭게 서로의 감정을 표현하고 있다고 생각하기 쉽습니다. 그러나 함께하는 매일이 순탄하지만은 않습니다. 예를 들어 아내가 남편을 걱정해서 하는 말들이 남편에게는 자신에 대한 비난의 소리로 들릴 수 있고 부모의 관심을 받기 위한 아이의 행동이 부모에게는 반항의 행동으로 보여질 수 있습니다. 이러한 감정 표현의 왜곡이 가족 상호 간의 갈등을 유발하게 됩니다. 자신을 충분히 이해한다는 것은 단순히 자기 자신을 이해하는 것을 넘어 자신의 감정을 잘 통제하는 것입니다. 더불어 타인의 감정을 잘 이해하고 타인의 감정에 잘 대처하는 것이 자신을 잘 이해하고 효과적인 의사소통을 하는 방식이라고 할 수 있습니다.

워크시트

1. 오늘의 감정 체크

오늘 느낀 감정을 아래 리스트에서 선택하고 오늘 있었던 일을 간단하게 적
어보세요.

😊 행복함 :

😡 화남 :

😢 슬픔 :

😨 두려움 :

😌 편안함 :

😕 혼란스러움 :

😭 외로움 :

😃 신남 :

😑 무기력함 :

😟 걱정됨 :

2. 감정의 이유

내가 왜 그런 감정을 느꼈는지 생각해 보고 적어보세요.

예: "아이가 내 말을 무시해서 화가 났다", "내 노력을 인정받아서 행복했다"

3. 그 감정에 어떻게 반응했나요?

당시 내 행동이나 말을 적어보세요.

예: "화를 내며 소리를 질렀다", "조용히 생각을 정리했다"

4. 다음에는 어떻게 하면 좋을까?

비슷한 상황이 다시 온다면, 내가 취할 수 있는 더 나은 방법을 적어보세요.

예: "화가 나는 일과 감정을 분리해서 생각해 보겠다",

"화를 내기 전에 한 번 더 생각하겠다"

5. 감사한 일 적기

오늘 하루 중 감사했던 일이나 행복했던 순간을 적어보세요.

예: "가족과 함께 저녁을 먹어서 좋았다", "아이가 나를 도와주었다"

◆ **사용 팁**

- 이 워크시트를 매일 작성하면 자신의 감정을 점차 잘 이해하고 다룰 수 있
  습니다.
- 작성한 내용을 가족과 공유하면 서로의 감정을 이해하는 데 도움이 됩니
  다. 부모와 자녀가 함께 감정 일기를 작성하며 서로의 생각을 나누는 시간
  을 가지세요.
- 워크시트를 꾸준히 활용하면 감정 표현과 소통 능력을 향상시키는데 큰
  도움이 됩니다!

정신분석학자 에릭번(Eric Berne)
"아이들은 부모가 그들을 보는 방식대로
자신을 보게 된다."

2장

: 엄마의 행동을 기준으로 아이를 보고 있나요?

DISC 행동유형 검사란 무엇인가?

DISC 행동유형 검사는 심리학자인 윌리엄 마스턴(William Moulton Marston)이 개발한 행동 이론을 기반으로 합니다. 그는 사람들의 행동이 주로 네 가지 유형(Dominance, Influence, Steadiness, Compliance)으로 분류해서 설명하려 했습니다. 이 네 가지 유형은 각 개인의 동기, 스트레스 반응, 의사소통 방식, 문제 해결 태도에 영향을 미칩니다. 네 가지 행동유형은 다음과 같습니다.

① D형 (Dominance, 주도형)
목표 지향적이고 경쟁을 즐기는 성향으로 도전적이고 결과를 중시하며, 빠른 결정을 내리는 경향이 있음.

리더 역할을 선호하지만, 때로는 다른 사람의 감정을 간과할 수 있음.

② I형 (Influence, 사교형)
사람 중심적이고 활발하며, 사회적 관계를 중시하는 성향으로 타인을 설득하고 동기를 부여하는데 능숙하며, 감정 표현이 풍부함.

다만, 세부적인 계획이나 조직력에서 약점을 보일 수 있음.

③ S형 (Steadiness, 안정형)

협력적이고 신뢰를 중시하며, 꾸준하고 차분한 성향으로 타인의 의견을 존중하며, 안정적이고 예측 가능한 환경을 선호함.

변화에 적응하는 데 시간이 걸릴 수 있음.

④ C형 (Compliance, 신중형)

분석적이고 규칙을 준수하며, 세부 사항을 철저히 검토하는 성향으로 완벽을 추구하며, 문제 해결을 위해 체계적인 접근 방식을 사용함.

때로는 과도한 신중함이 결정을 지연시킬 수 있음.

DISC 행동유형 검사는 다른 성격유형 검사지와 달리, 개인의 행동유형에 대한 부분을 알아보는 것으로 다른 사람과 상호작용 방식을 이해하는 데 중점을 둡니다. 이 책에서는 부모와 자녀 간이 활용 방법에 대한 부분에 집중해서 활용 방법을 안내합니다.

우선, DISC 검사는 자기 자신을 이해하는 데 도움이 됩니다.

DISC 검사는 자신의 행동에 대한 유형, 행동패턴, 의사소통 방식을 이해하는 데 도움을 줍니다. 예를 들어, D형 부모는 자녀에게 과도한 과업의 목표를 강요할 수 있습니다. 과정에 대한 칭찬과 격려보다는 결과치에 집중한 의사소통 방식을 취할 수 있습니다.

DISC 검사는 자녀 이해를 이해하는데 도움이 됩니다.

DISC 검사를 통해서 자녀의 DISC 행동유형을 파악할 수 있고 나아가 성격과 행동을 더 깊이 이해할 수 있습니다. 예를 들어, S형 자녀는 갑작스러운 변화에 스트레스를 받을 수 있으므로 이런 유형의 자녀의 행동을 잘 이해하는 부모는 환경변화에 대한 자녀의 어려움에 대해 미리 준비하고 대응할 수 있습니다.

DISC 검사는 부모와 자녀 간의 원활한 소통에 효과적인 도움을 줄 수 있습니다.

부모와 자녀가 서로 다른 행동유형을 가질 경우, 서로의 행동유형을 맞는 맞춤형 소통 방식으로 접근할 수 있습니다. 예를 들어, C형 자녀는 논리적이고 근거를 바탕으로 구체적인 책임과 의무를 부여받기를 원하므로 부모는 명확한 지침과 사실에 근거하여 자녀가 납득할 수 있는 방식으로 소통을 하려고 노력해야 합니다.

DISC 검사는 가족 관계 개선에 도움이 됩니다.

DISC 검사는 가족 구성원 각각의 행동유형을 파악할 수 있어서 서로의 차이를 이해하며 존중하고 갈등을 줄일 수 있습니다.

DISC 검사는 스트레스 관리에 도움이 됩니다.

각 행동유형에 따라 스트레스를 받는 환경과 자극 요인이 각각 다릅니다. DISC 검사를 통해서 자신의 스트레스 요인을 이해하면 더 건강한 생활을 영위할 있습니다.

DISC 검사는 부모와 자녀가 갖고 있는 행동 유형의 특징을 이해함으로 상호 간의 입장에서 생각해 볼 수 있는 유용한 도구입니다. 특히 부모가 자신의 행동유형을 객관적으로 이해하고 인지하며 부족한 부분을 개선하려고 노력한다면, 자녀와의 관계에서 일어날 수 있는 크고 작은 갈등을 줄이고 질 좋은 소통을 이어가는데 도움을 줍니다.

2

엄마로서 나의 행동유형

① D형 (Dominance, 주도형)

■ D형 엄마의 행동유형과 자녀와의 상호작용

DISC 행동유형 중 주도형은 본인에게 주어진 과업을 자발적으로 진행하고 목표 지향적인 성향을 가진 사람들로, 활동적이고 에너지가 넘치며 일을 결정하는데 주도적이고 결단력이 강한 특징이 있습니다. D형 엄마는 이러한 성향을 바탕으로 자녀 양육에서도 매우 주도적인 역할을 하며, 강한 리더십을 발휘합니다. 이러한 특성으로 인해 다양한 도전을 경험하는 환경을 만들어주고 그 환경을 스스로 이겨낼 수 있는 독립심을 길러주는 장점이 있습니다. 그러나 자칫하면 아이에게 과도한 과업을 부여하게 되고 이로 인한 압박감과 스트레스를 느끼게 할 수 있습니다. 따라서 D형 엄마는 자신의 행동 특성을 깊이 이해하고 일방적인 소통이 되지 않도록 자신을 돌아보고 자녀의 특성을 고려해서 긍정적인 관계 형성의 방법을 배우는 것이 필요합니다.

■ D형 엄마의 장점

D형 엄마는 과업을 수행하는데 있어 목표를 주도적으로 설정하게 됩니

다. 다음 과정으로 설정한 목표를 달성하기 위한 수행 계획을 세우고 새로운 일에 도전하는데 능숙합니다. 자녀가 생활하면서 겪게되는 문제에 대해서도 빠르게 해결하고 해결책을 제시하고 어려움에 벗어날 수 있도록 적극적으로 도와줍니다. 예를 들어, 아이가 학업상에 어려움을 겪는 상황을 가정해 보겠습니다. D유형의 엄마는 문제를 빠르게 인식하고 문제해결을 위한 원인 분석과 전략을 적극적으로 수행하는 경향이 있습니다. 이러한 행동 방식은 자녀의 행동특성에도 영향을 미치게 됩니다. 자녀는 본인에게 발생한 문제에 대해 적극적인 문제해결 방식을 배우고 해결하는 능력을 키워나가는데 긍정적인 영향을 미칠 수 있습니다. 또한 D유형의 엄마는 문제를 해결하고 긍정적인 결과를 얻었을 때 성취감과 기쁨을 크게 느낍니다. 이런 모습을 통해 자녀는 실패를 두려워하지 않고 도전적으로 문제를 해결하는 자세가 얼마나 긍정적인 영향을 줄 수 있는지 배우게 됩니다. 이는 자녀에게 좋은 본보기가 될 수 있습니다. 이러한 성공 경험은 자녀가 어려움에 직면했을 때 주저하거나 도망치지 않고 이를 극복하며 앞으로 나아갈 용기를 키우는 데 도움을 줍니다. 또한, 더 높은 목표를 세우고 이를 실행할 수 있는 강인한 성격을 형성하는 데 긍정적인 영향을 미칠 수 있습니다.

● D형 엄마의 과제

반면, D형 엄마의 높은 목표 의식과 강한 실행력은 아이에게 자칫 부담이 될 수 있습니다. D유형 엄마는 대개 과업을 수행하는데 과정보다는 결과 중심적인 사고를 하는 경향이 있습니다. 따라서 아이가 어떻게 문제를 해결하려고 했는지에 대한 과정과 노력보다는 어떤 결과를 가져왔는지 결과치에 초점을 맞추는 경향이 있습니다. 아이가 시험에서 엄마가 기대한 만큼의 성적을 내지 못한 경우의 예를 들어보겠습니다. 칭찬보다는 "왜 10점이나 문제를 틀렸니?" 또는 "너 공부 안했니?"와 같은 질문을 던질 수 있습니다. 물론 엄마는 아이의 성적에 대해 걱정해서 물어본 질문일 수 있지만 이런 태도는 아이가 100점을 받지 못한 것을 잘못된 일로 여기게 만들고, 자존감을 낮출 위험이 있습니다. 또한, 아이는 자신의 노력이 아닌 결과만으로 평가받는다고 느낄 수 있으며, 점차 과정보다 결과나 성과에만 집착하게 될 가능성이 높아집니다.

D형 엄마는 의사결정을 빠르게 내리는 편이라, 아이의 상황이나 입장을 충분히 고려하기보다는 자신의 방식대로 문제를 해결하려는 경향이 있습니다. 이를 맞벌이 가정의 D형 엄마를 예로 들어 설명해보겠습니다.

온종일 바쁘게 일하고 저녁 늦게 퇴근한 엄마가 있습니다. 엄마는 집에 들어오면서 오늘 하루 아이가 어떻게 보냈을지 궁금해하면서도, 아직 자녀 나이가 어린 탓에 오늘도 어김없이 숙제를 미루고 TV나 다른 놀이활동에 빠져 있을 것으로 생각합니다. 또한, 늦게 퇴근한 탓에 아이의 숙제를 빨리 끝내고 내일 학교에 보낼 준비를 해야 한다는 마음에 조급해집니다. 출입문을 열고 급히 신발을 벗고 들어온 엄마는 아이와 간단히 인사를 나눈 뒤, TV화면을 만져보며 생각합니다.

따뜻한 열기가 TV화면에서 느껴지고 엄마는 다음과 같이 말합니다. " 너 여직 TV 보느라 숙제 안했지?" 이러한 빠른 추측과 결과에 초점을 둔 엄마의 말과 행동은 아이로 하여금 죄책감을 불러올 수 있습니다. 아이가 자신의 감정을 표현하거나 자율성을 키우는 데 방해가 될 수 있습니다.

● 효과적인 자녀 양육 전략
D유형의 특성을 가진 엄마는 자녀와의 관계에서 다음과 같은 노력이 무엇보다 필요합니다.

아이의 감정 살피기

D유형 엄마는 목표 지향적이고 빠르게 결정하는 성향 때문에 자칫 아이의 감정을 놓치거나 가볍게 여길 수 있습니다. 평소 이점을 유의하시고 엄마의 앞선 감정을 표현하기보단 아이의 감정을 자주 물어봐 주시고 아이로 하여금 엄마가 자신의 의견을 존중하고 있다는 생각이 들 수 있도록 노력하는 것이 중요합니다.

예를 들어, 아이가 "오늘 숙제를 못했어"라고 말했을 때, 바로 책을 펴고 숙제를 하라고 다그치기보다 "무슨 일이 있었니?"라고 물으며 아이의 감정에 공감하는 시간을 갖는 것이 중요합니다.

결과보다는 과정에 대해 인정하기

결과보다는 과업을 수행하는데 어떤 과정이 있었는지 그 과정에서 어떤 노력을 하였는지 관심을 가지는 자세가 필요합니다. 아이가 엄마의 기대에 미치지 못했을지라도 그 과정에서 얼마나 노력했는지를 과정을 인정하고 칭찬함으로써 아이의 자존감을 높일 수 있습니다. 평소 자녀가 스스로 방을 청소하지 않을 경우, "엄마가 너 방 청소하라고 했지? 몇 번을 말해야 알아?"와 같은 비난의 말보다는, 아이가 청소를 하지 않는 이유를 먼저 물어보고 이해하는 것이 중요합니다. 그 후 방의 작은 공간부터 청소할 수 있도록 작은 행동부터 시작하도록 도와주는 것이 더 효과적입니다.

의사결정 과정에서 아이의 의견을 반영하기

D유형 엄마는 빠르게 결정을 내리는 편으로, 종종 아이의 의견을 물어보기보다 자신의 판단에 따라 바로 실행하는 경우가 많습니다. 이러한 의사결정 방식이 상황에 따라 효과적일 수는 있지만, 아이 입장에서는 "내가 아무리 말해도 엄마는 결국 자기 마음대로 할 거야"라고 느끼며 자신의 의견이

존중받지 못한다고 생각할 수 있습니다. 중학교에 들어간 아이가 한 학기 동안 할 교내 진로체험활동을 선택할 때, 여러 유형의 태도를 보일 때가 있습니다. "이 활동은 별로야. 네가 나중에 의사가 되려면 이 활동을 하는 게 더 좋을 거야."처럼 부모의 희망이나 기준을 강요한다면, 아이는 자신의 관심사나 적성을 탐색할 기회를 잃을 수 있습니다. 또는 결과와 성과에 초점을 두고 "이 활동은 고등학교 진학에 도움이 안 되니까 하지 않는게 좋아."라는 말의 조언은 활동을 통해 아이가 갖게되는 배움의 가치와 다양한 경험의 기회를 놓칠 수 있습니다. 좋은 조언은 부모가 아이의 의견에 귀 기울이며 함께 고민하는 것입니다. 그리고 아이가 다양한 선택지를 가지고 고민하고 스스로를 탐색할 기회를 가질 수 있도록 하는 것이 중요합니다.

즐거움을 느끼는 아이의 시간을 인정하기

D유형 엄마는 과업에 대한 성취를 중요하게 여기는 경향이 있습니다. 남학생들은 주로 게임을 즐기며 여가 시간을 보내는 경우가 많습니다. 게임을 통해 친구들과 소통하거나 성취감을 느끼는 등 재미와 몰입감을 얻는 경향이 있습니다. 반면, 여학생들은 연예인 덕질에 관심을 가지며 좋아하는 연예인을 응원하거나 관련 활동을 통해 즐거움을 찾는 경우가 많습니다. 부모교육 강연장에서 자주 듣는 부모님의 고민 중 하나는, 아이에게 즐거움을 주는 시간이 부모에게는 걱정거리로 느껴진다는 점입니다.

좋은 조언은 아이가 학업의 스트레스에서 벗어나 자유롭게 놀 수 있는 시간을 갖는 것을 인정하고, 행동을 지적하기보다는 시간의 가치를 알 수 있는 조언을 하는 것이 더 아이에게 유익합니다. 나아가 아이가 즐거움을 느끼는 시간에 함께 참여한다면 아이와 더 깊은 유대감을 형성할 수 있습니다.

D형 엄마는 목표 지향적인 사고를 하는 경향이 있어서 자신의 잠재력도

최대한 발휘하는 능력을 가지고 있습니다. 이와 더불어 자녀에게도 높은 기대를 가지고 있습니다. 이러한 점은 아이의 잠재력을 최대한 끌어내는데 도움을 주기도 합니다. 하지만 주의할 점은 아이에게 부담이 되지 않도록 조절하는 것입니다. 아이의 감정을 중요하게 여기며 자신의 리더십을 긍정적인 방향으로 활용할 때, 자녀에게 자신감과 독립심을 키워주는 좋은 지원자가될 수 있습니다.

② I형 (Influence, 사교형)

■ I형 엄마의 행동 유형과 자녀와의 상호작용

DISC 행동 유형 중 사교형(I형)은 대체로 밝고 활발한 경향이 있습니다. 그래서 주변의 여러 사람과 관계형성을 잘해나가며 관계를 중요시합니다. I유형 엄마는 세상을 긍정적으로 바라보고 따뜻한 성격을 지니고 있습니다. 그래서 주변에 많은 사람들과 교류하고 좋은 인간관계를 맺고 살아갑니다. 이러한 성격을 바탕으로 자녀와의 관계에서도 강한 유대감을 형성하고 있습니다. 엄마의 긍정적인 에너지로 인해 아이도 자연스럽게 안정감과 행복감을 느끼며 긍정적인 태도를 배우게 됩니다. 이는 아이의 자신감을 높이고, 어려움에 직면했을 때 긍정적으로 대처하는 힘을 길러줍니다. 그러나 이와 동시에 I형 엄마는 자유롭고 즉흥적인 성향 때문에 체계적이고 일관성 있는 양육 방식이 부족할 수 있습니다. 감정에 집중하고 아이와의 즐거운 순간에 더 집중하다 보니, 계획적이고 체계적인 부분이 소홀해질 수 있습니다. 이를 보완하는 노력이 필요합니다.

■ I형 엄마의 장점

I형 엄마는 주변 사람들과의 관계뿐만 아니라 아이와의 관계를 중요하게 여깁니다. 아이와 함께 시간을 보내는 것을 가치있게 여기며 자녀와의 소통

에 있어서 적극적으로 다가갑니다. 이러한 태도는 아이가 엄마와 정서적으로 가까운 유대감을 형성하도록 돕고, 자신감을 키우는 데 긍정적인 영향을 미칩니다. 또한 사람들과의 관계 형성에서 뛰어난 연결 능력을 보여줍니다. 다양한 상황에서 사람들 간의 다리 역할을 하게 하고, 자연스럽게 관계의 중심에 서게 만듭니다. 엄마가 사람들 간의 다리 역할을 잘하고 관계의 중심에 서는 모습을 보이면, 아이는 자연스럽게 사교성과 소통 능력을 배우게 됩니다. 또한, 창의적이고 유쾌한 성격으로 아이에게 일상에서 즐거움을 느끼는 데 많은 영향을 줍니다. 엄마는 아이와 함께하는 놀이 활동에서 새로운 아이디어를 제안하기도 하고 예상하지 못한 창의적인 방식으로 놀이를 이끌어가면서 신선한 재미를 느끼게 해줍니다. 아이가 실수로 물이 든 컵을 엎질렀을 때, 엄마가 화를 내기보다는 "눈 깜빡할 사이에 물컵을 엎질렀네! 그럼 우리 이제 빠르게 닦아볼까?"처럼 상황을 즐겁게 마무리할 수 있습니다.

● I형 엄마의 과제

I형 엄마는 아이의 감정을 잘 이해하고 공감하며 깊은 유대감을 형성하는 데 강점을 지니고 있습니다. 그러나 이러한 장점과 더불어 부족한 부분을 보완하기 위해 개선의 노력이 필요합니다.

양육태도에서 일관성 부족

I형 엄마는 감정에 집중하고 자유로운 성향이 강하기 때문에, 주변에 일어나는 상황에 따라서 자유롭게 행동하고 창의적으로 문제를 해결하는 아이디어를 제안하는 경우가 많습니다. 그로 인해 생활 규칙이나 양육 태도에 있어서 일관성을 유지하는데, 어려움을 겪을 수 있습니다. 아이가 규칙을 어겼을 때, 잘못을 바로잡기보다는 "이번 한 번만 봐주는 거야"와 같은 일관되지 않는 태도로 아이를 대할 수 있습니다. 이러한 태도는 아이가 어디까지 규칙을

지키는 것이 좋은지에 대한 경계가 모호해지고 규칙의 중요성을 간과하게 만들 수 있습니다.

다양한 관심사로 인한 집중력 분산

I형 엄마는 호기심이 많고 다양한 활동에 관심이 있어, 새로운 것들을 배우고 경험하는 것을 즐깁니다. 또, 다양한 사람들과 대화를 나누는 것도 좋아해서 여러 분야에 대해 많은 정보를 가지고 있습니다. 이런 성향은 엄마가 다양한 관심사를 가지고 있어 세상에 대해 넓은 시각을 가지게 해주지만, 때로는 너무 많은 것에 신경을 쓰다 보면 아이에게 온전히 집중하는 것이 어려울 수 있습니다.

예를 들어, 아이가 무엇인가를 해달라고 요청할 때, 엄마가 "잠깐만, 엄마가 이걸 먼저 하고 할게"라고 대답하며 아이의 필요나 감정을 충분히 고려하지 못하는 경우가 있을 수 있습니다. 이런 반응을 자주 경험한 아이는 엄마가 자신에게 충분히 관심을 기울이지 않는다고 생각하고, 실망감을 느낄 수 있습니다. I유형의 엄마는 아이의 의견에 귀 기울이고, 더욱 집중하려는 노력이 필요합니다.

방임적인 양육태도

I형 엄마는 밝은 긍정적인 사고를 하기때문에 가끔 아이의 문제를 크게 받아들이지 않는 경우가 있을 수 있습니다. 예를 들어, 아이가 학교에서 친구들과 다툰 후 속상한 마음 상태로 집에 돌아왔을 때 아이에게 다음과 같이 말할 수 있습니다. "괜찮아 뭐 그런 걸로 속상해하고 그러니? 내일이면 괜찮아 질거야"처럼 아이는 문제 상황을 심각하게 받아들이고 있는 상황에서 엄마는 가볍게 문제상황을 이해할 수 있습니다. 이럴 때 아이는 자신이 겪고 있는 문제에 대해 어떠한 위로와 도움도 받지 못했다고 생각할 수 있습니다.

오늘 학교에서 있었던 일에 대해 아이에게 이야기를 듣고, 아이가 무엇을 필요로 하는지 적극적으로 지원해주는 것이 중요합니다.

■ 효과적인 양육 전략

I형 엄마는 자신의 강점 활용하고 부족한 점을 채우기 위해 다음과 같은 노력이 필요합니다.

양육태도의 일관성 유지

아이와 생활 규칙을 정하거나 약속을 할 때는 함께 의견을 나누고, 서로의 의견을 반영하여 최종적으로 조율한 내용을 꾸준히 실천하는 노력이 필요합니다. 예를 들어, "게임은 하루 2시간 이상 하지 않기"와 같은 규칙을 정한 후, 감정에 따라 규칙을 자주 변경하지 않고 일관되게 지키는 노력이 필요합니다.

몰입의 시간 확보

아이와 함께 놀이 활동을 할 때는 그 시간 동안 온전히 아이에게 집중하는 것이 중요합니다. 아이와의 소중한 시간을 보내는 동안 휴대폰 통화나 TV 시청과 같은 다른 활동에 신경을 쓰기보다는, 아이와의 대화나 놀이에 방해가 될 수 있는 모든 활동을 잠시 멈추고 아이에게 전적으로 몰입하는 시간이 필요합니다. 이러한 몰입의 시간은 아이가 자신에게 주어진 관심과 사랑을 온전히 느낄 수 있게 도와주며, 아이와의 유대감을 더욱 깊게 만들어줍니다.

문제에 대한 분석 능력 함양

I형은 타인의 감정을 잘 이해하고 배려하며, 긍정적인 언어와 행동으로 따뜻한 태도를 보이는 경향이 있습니다. 이러한 태도는 아이에게 자신감을 심

어주고 용기를 북돋아주는 데 큰 도움이 됩니다. 그러나 어려운 상황이나 문제를 마주했을 때, 실행력이나 분석적인 접근이 다소 부족할 수 있습니다. 예를 들어, 아이가 대학 진학과 관련된 학업 문제로 어려움을 겪는 상황이라면, 학업 부진의 원인을 분석하고 부족한 부분을 파악한 뒤 구체적인 계획을 세우는 것이 문제를 해결하는 데 효과적일 것입니다. 하지만 I형 엄마는 "괜찮아, 앞으로 나아질 거야"와 같은 긍정적이고 따뜻한 말로 위로와 용기를 줄 수는 있어도, 실질적인 문제 해결에는 한계가 있을 수 있습니다.

결핍 극복에 대한 노력

I형 엄마는 아이에게 정서적인 안정감을 제공하는 데 뛰어난 능력을 가지고 있습니다. 그러나 이러한 정서적인 접근이 지나치게 강조되면, 감정적인 측면에 치우쳐 일관된 태도와 언어를 유지하기 어려워질 수 있습니다. 이로 인해 상황과 환경에 따라 다른 방식으로 아이를 대하게 될 가능성이 있으며, 이는 아이에게 혼란을 줄 수 있습니다. 따라서 책임감과 자기 통제력을 갖추어 일관된 태도를 보여주는 것이 중요합니다. 아이가 엄마를 통해 느끼는 유연한 환경에 대한 즐거움뿐만 아니라 책임감과 규칙의 중요성도 배울 수 있도록, 말과 행동에서 부족한 부분을 개선하려는 노력이 필요합니다.

I형 엄마는 아이에게 넘치는 사랑을 잘 표현하며, 항상 긍정적인 에너지를 전하는 따뜻한 사람입니다. 이런 엄마의 행동 덕분에 아이는 "나는 괜찮은 사람"이라는 자신감을 얻고, 세상을 긍정적으로 바라보는 태도를 배울 수 있습니다. 하지만 때로는 아이에 대한 너무 많은 사랑이 단호하고 일관된 태도를 유지하기 어렵게 만들 수도 있습니다. 그래서 이를 잘 알아차리고, 아이에게 안정감을 주기 위해 꾸준히 노력하는 것이 중요합니다.

③ S형 (Steadiness, 안정형)

● S형 엄마의 행동 유형과 자녀와의 상호작용

타인의 의견에 귀 기울이고 친절하게 대하며, 안정적인 성향을 지닌 사람입니다. 자녀 양육에 있어서도 온화한 사랑을 베풀고, 배려심 깊은 태도로 아이에게 정서적 편안함을 제공하는 뛰어난 능력을 가지고 있습니다. 특히 아이의 감정을 세심하게 살피고 알아차리는 데 탁월하여, 아이가 신뢰감을 느낄 수 있는 환경을 조성하는 데 강점이 있습니다.

그러나 S형 엄마는 변화를 싫어하고 안정적인 것을 추구하는 경향이 있어, 때로는 아이를 과도하게 보호하려는 성향을 보일 수 있습니다. 이러한 과보호는 아이의 자립심과 독립적인 사고를 해칠 가능성이 있습니다. 따라서 아이가 스스로 문제를 해결하고 새로운 경험을 통해 성장할 수 있도록 적절한 자율성을 부여하려는 노력이 필요합니다. 안정과 배려라는 장점을 유지하면서도 아이의 독립성을 격려하는 균형 잡힌 양육 태도가 중요합니다.

● S형 엄마의 장점

S형 엄마는 안정적인 가정과 가족구성원간의 조화를 중요시합니다. 아이의 감정을 잘 보살피고 이해하며 공감하는 편이라 아이가 안정감을 느낄 수 있는 분위기를 만드는 능력을 가지고 있습니다.

예를 들어, 아이가 학교에서 친구와 다툰 뒤 화가 나거나 속상한 마음을 안고 집에 돌아와 감정을 털어놓을 때, S형 엄마는 아이의 이야기에 귀 기울이며 감정을 이해하는 언어로 아이를 위로합니다. 엄마는 아이의 입장에서 상황을 공감하고, 아이가 느꼈던 감정을 세심하게 이해하려고 노력합니다. 이러한 엄마의 따뜻한 보살핌은 아이에게 정서적인 안정감을 제공하며, 아이가 스스로 자신의 감정을 이해하고 적절히 조절할 수 있도록 돕는 중요한 역할을 합니다. 이처럼 아이의 감정을 잘 들어주는 특성으로 인해 아이는 학교에서의 다양한 일들을 이야기하고 감정을 나눔으로 편안함을 느낄 수 있습니다.

　S형 엄마는 자신의 감정을 표현하는 데도 극단적으로 표출하지 않습니다. 그로 인해 일관된 양육 태도를 보이는 경향이 있습니다. 이러한 태도는 아이에게 예측 가능한 환경을 제공함으로 아이에게 안정감을 줄 수 있습니다. 엄마의 일관된 양육 태도로 인해 아이는 상황을 쉽게 예측하고 엄마의 반응에 대한 편안하고 안정한 감정을 느낄 수 있습니다. S형 엄마는 가정 내에 규칙이나 책임에 대한 부분도 일관되게 반응하기 때문에 아이는 규칙을 따르고 책임감을 느끼며 자랄 수 있습니다.

　S유형의 엄마는 감정 기복이 심하지 않고 차분하게 상황을 이해하고 공감하는 능력을 가지고 있습니다. 그래서 아이가 저지른 실수에 대해 감정적으로 대하지 않고 차분하게 문제를 해결하는 태도를 보입니다. 학교에서 돌아온 아이가 손발을 씻지 않고 다른 일에 빠져 있는 모습을 보게 되면, S유형 엄마는 강압적으로 지적하거나 꾸짖기보다는 부드럽고 배려심 있는 방식으로 접근합니다.

　예를 들어, 엄마는 아이에게 "학교에서 많이 피곤했구나. 그런데 손발부터 씻고 나면 더 개운하고 상쾌할 거야. 같이 씻으러 가자!"와 같은 긍정적이고 부드러운 말투로 상황을 설명하며 아이를 유도합니다. 이렇게 함으로써 아이가 스스로 해야 할 행동을 깨닫도록 돕고, 잔소리가 아닌 자연스러운 대화를 통해 생활 습관을 바로잡을 수 있도록 유도합니다.

S유형 엄마는 이런 방식으로 아이의 감정을 헤아리면서도 필요한 규칙을 자연스럽게 강조하며, 아이가 긍정적인 태도로 생활 습관을 형성할 수 있도록 도와줍니다.

● S형 엄마의 과제

S형 엄마는 안정적이고 조화로운 가정 분위기를 잘 이끌어가는 사람인 반면에 환경 변화에 대한 움직임이 다소 느린 편입니다. 아래 사항에 대한 부분에서는 노력이 필요합니다.

새로운 환경에 대한 도전의식

S유형 엄마는 익숙한 환경에서 편안함과 안정감을 느끼는 성향을 가지고 있습니다. 이러한 특성 때문에 갑작스러운 변화에 흥미를 느끼기보다는 두려움을 더 크게 느끼며, 익숙한 것에 변화를 주는 것을 꺼려하는 경향이 있습니다.

아이가 다양한 분야에 관심을 가지고 이것저것 시도하려는 모습을 보이면, S유형 엄마는 대체로 아이의 행동을 지켜보며 응원하고 지지하는 따뜻한 반응을 보입니다. 아이가 도전하는 과정에서 정서적으로 안정감을 느낄 수 있도록 격려의 말을 건네고, 아이의 감정을 세심하게 살피며 아이가 새로운 경험을 긍정적으로 받아들일 수 있도록 돕습니다.

하지만 S유형 엄마는 본인의 안정적인 성향으로 인해, 아이가 도전하는 과정에서 예상치 못한 위험이나 실패 가능성을 걱정할 수 있습니다. 그래서 때로는 아이가 너무 많은 시도를 하거나 익숙하지 않은 영역에 도전하려고 하면 조심스러운 태도를 보이기도 합니다. 이럴 때는 아이의 호기심과 도전을 지지하면서도, 엄마 스스로 변화에 대한 두려움을 극복하고 아이의 자율성을 존중하려는 노력이 필요합니다.

S유형 엄마의 따뜻한 지지와 균형 잡힌 태도는 아이가 다양한 경험을 통해 성장하는 데 큰 힘이 됩니다.

지나친 공동체 의식

S형 엄마는 강한 공동체 의식을 가지고 있는 사람입니다. 아이가 어려움을 겪을 때 함께 문제를 해결하려는 성향을 가지고 있습니다. 이러한 태도는 아이를 걱정하고 돕고자 하는 바람직한 양육 방식이지만, 때로는 과잉 보호로 이어질 위험이 있습니다. 아이의 문제를 지나치게 대신 해결해 주거나 필요 이상으로 보호하려는 행동은 아이의 독립심을 키우는 데 방해가 될 수 있습니다.

따라서 아이가 스스로 문제를 해결할 기회를 주고, 필요할 때 적절한 지원과 격려를 제공함으로써 독립심과 책임감을 키우는 균형 잡힌 접근이 중요합니다.

지나친 인내심으로 인한 소통 부재

아이가 큰 잘못을 저질렀을 경우, S유형 엄마는 갈등을 피하려는 성향과 인내심이 강한 성격 때문에 문제를 직접적으로 지적하거나 바로잡기보다는 상황을 참고 넘어가려는 태도를 보일 수 있습니다. 아이를 혼내거나 문제에 정면으로 맞서는 것을 부담스러워하며, 갈등을 최소화하려는 마음에서 상황을 덮으려고 할 가능성이 있습니다.

이러한 접근 방식은 아이와의 관계를 평화롭게 유지하는 데 도움이 될 수 있지만, 반복적으로 이어질 경우 아이가 자신의 행동에 대한 책임을 명확히 배우지 못할 위험이 있습니다. 따라서 S유형 엄마는 아이의 잘못을 지적할 때도 부드럽고 배려 깊은 태도를 유지하면서도, 문제의 본질을 함께 논의하고 해결책을 찾아가는 적극적인 태도를 기를 필요가 있습니다.

■ 효과적인 양육 전략

S형 엄마는 안정적인 분위기를 형성하고 아이의 어려움을 적극적으로 도우려는 장점이 있지만 반면에 이러한 특성으로 인해 여러 부분에서 노력해야 할 점도 있습니다.

변화에 대한 걱정보다는 지지하는 태도

아이가 새로운 것을 추구하고 도전하려고 할 때 걱정보다는 지지하고 응원하는 태도가 필요합니다. 실패하더라도 그 과정에서 얻는 경험에 대한 가치를 인정하고 아이가 다양한 경험할 수 있도록 지지해 주어야 합니다. 그래야 아이는 스스로 자신의 선택지를 결정하고 책임감을 배울 수 있습니다.

스스로 문제를 해결할 수 있도록 돕기

아이가 학교에 챙겨가야 할 준비물을 가져가지 않았을 때, S유형 엄마는 평소의 보호 본능과 아이를 돕고자 하는 마음 때문에 직접 준비물을 챙겨주고 싶어질 수 있습니다. 하지만 아이의 독립심을 키우고 어려운 상황을 스스로 해결할 수 있는 힘을 길러 주어야 합니다. "오늘 준비물을 챙겼어야 했는데 깜빡했구나?. 다음부터는 이런 실수를 하지 않으려면 어떻게 하면 될까?"와 같이 아이 스스로 문제를 해결할 수 있는 기회를 주어야 합니다.

불편한 상황에서도 솔직하게 대화하기

갈등 상황에 불편한 감정이 들더라도 솔직하게 대화를 할 수 있도록 노력해야 합니다. 아이가 같은 실수를 반복한 경우 이해하고 넘어가기 보다는 "계속해서 규칙을 어기는거 같은데 규칙을 어기는 이유에 관해 이야기해 줄래?"와 같이 아이 스스로 문제을 원인을 파악하고 지난 과오에 대한 반성을 할 수 있도록 솔직한 대화가 필요합니다.

S유형 엄마는 아이에게 일관된 양육 태도를 보임으로써 예측 가능한 환경을 제공하고, 이를 통해 아이가 안정감을 느끼도록 돕는 강점을 가지고 있습니다. 또한, 타인과의 갈등을 피하고 조화와 협력을 중시하는 태도로 주변 사람들과의 관계를 원활하게 형성하도록 아이를 지도할 수 있습니다.

그러나 지나치게 조화와 평화를 강조하다 보면, 변화나 도전 과제에 대해 회피하려는 경향이 나타날 수 있습니다. 이러한 점을 보완하기 위해, 낯선 환경의 변화나 새로운 도전에 대해 아이를 적극적으로 지지하고 응원해야 합니다. 아이가 다양한 환경과 경험을 겪을 수 있도록 격려함으로써, 안정감과 환경 변화 사이에서 균형 잡힌 성장 기회를 제공할 필요가 있습니다.

안정적인 환경 속에서도 변화와 도전을 조화롭게 경험하도록 돕는 균형 잡힌 태도가 중요한 과제입니다.

④ (Compliance, 신중형)
● C형 엄마의 행동 유형과 자녀와의 상호작용

DISC 행동 유형 중 신중형(C형)은 논리적이고 분석적이며 주어진 일에 대해 완벽하게 마무리하려는 성향을 가진 사람들입니다. C형 엄마는 자녀 양육에서도 체계적인 계획과 실행을 선호하며, 가정에서 아이가 지켜야 할 규칙과 예절을 매우 중요하게 여깁니다. 이러한 태도는 아이에게 독립심과 책임감을 길러주는 긍정적인 영향을 미칠 수 있습니다.

　그러나 이러한 점이 지나치면 아이에게 부담감을 줄 수 있으며, 완벽주의적인 성향을 형성하게 할 우려도 있습니다. 따라서 규칙과 계획을 강조하되, 아이가 스스로 성장할 여유를 가지도록 배려하며, 실수를 배움의 기회로 삼을 수 있도록 유연한 태도를 유지하는 것이 중요합니다.

● C형 엄마의 장점
　C형의 엄마는 다음과 같은 다양한 부분에서 긍정적인 영향을 미칩니다.

계획적인 양육
　C형 엄마는 자녀양육에 있어서 체계적이고 계획적인 성향이 있습니다. 이로 인해 아이에게 일관된 태도로 대하므로 아이의 생활을 안정적으로 이끌어갑니다. 이 유형의 엄마는 아이가 유익한 방향으로 나아갈 수 있도록 규칙과 계획을 세워 바른 습관 형성을 돕습니다. 또한, 아이의 좋지 않은 습관이나 행동은 신속히 개선하려 노력합니다. 이러한 양육 태도는 아이가 책임감 있는 사람으로 성장하도록 도울 뿐만 아니라, 스스로 일을 처리하며 자기관리 능력을 키우는 데도 큰 역할을 합니다.

감정에 치우치기보단 문제 본질을 파악하는 능력
　C형 엄마는 문제 상황을 잘 이해하고 분석하며, 이를 해결하기 위해 다양한 선택지를 마련하는 성향을 가지고 있습니다. 다양한 해결 방안을 찾아내는 데 능숙하기 때문에 문제 해결 능력도 뛰어납니다. 아이의 학업 문제나 또래 친구들과의 갈등과 같은 상황에서도 감정적으로 대응하기보다는 논리적으로 문제를 분석하고 해결책을 모색하는 데 집중합니다. 이러한 엄마의

양육 태도는 아이에게 감정에 휘둘리기보다는 문제의 원인을 파악하고, 감정보다는 해결에 초점을 맞추어 문제를 해결하는 능력을 배우게 합니다.

자아 성취감 형성

C형 엄마는 자녀 양육에 있어서 체계적이고 계획적인 성향을 가지고 있으므로 결과에 대해서도 높은 기대를 하고 있습니다. 이들은 아이에게 주어진 과업을 잘 달성할 수 있도록 다양한 자원을 지원하며, 단계적으로 차근차근 목표에 도달하는 방법을 알려줍니다. 체계적이고 계획적인 과정을 통해 아이는 성취감을 경험하게 되고 주체적으로 문제를 해결하는 태도를 배우게 됩니다.

■ C형 엄마의 과제

지나친 완벽주의

C형 엄마는 주어진 일을 완벽하게 마무리하려는 성향을 가지고 있으며, 자녀 양육에서도 이러한 완벽함을 추구하려고 노력합니다. 그러나 이로 인해 아이가 부담감을 느낄 수 있습니다. 과도한 압박은 아이가 중도에 포기하게 만들거나, 실패에 대한 두려움으로 인해 새로운 도전에 소극적으로 변할 위험을 초래할 수 있습니다.

소통의 부재

C형 엄마는 아이에게 발생한 문제를 논리적이고 분석적인 관점에서 해석하고 해결하려는 경향이 있습니다. 그러나 이 과정에서 아이의 감정을 깊이 공감하지 못하고 지나칠 가능성이 있습니다. 이러한 상황이 반복되면 아이는 자신의 감정을 표현하는 것을 꺼리게 될 수 있으며, 결국 감정적인 소통의 부재로 이어질 위험이 있습니다.

예를 들어, 아이가 학교에서 친구와 다툼이 있어 울며 집에 돌아왔을 때, 엄마는 당황한 나머지 아이의 감정에 공감하기보다는 상황을 파악하려는 데 집중할 수 있습니다. "무슨 일이야? 그 친구가 먼저 그랬어? 네가 먼저 그랬어? 그래서 넌 어떻게 했는데?"와 같이 아이의 감정은 뒤로한 채, 사건의 전후 관계와 사실 확인에 초점을 맞추는 반응을 보일 가능성이 있습니다.

자유로운 의사결정 부족

C형 엄마는 아이에게 유익한 규칙과 계획을 매우 중요하게 여깁니다. 예를 들어, 매일 1시간은 책을 읽어야 한다거나 학원에는 수업 시작 10분 전에 도착해 준비해야 한다는 식으로 생활 속 규칙을 강조합니다. 하지만 이러한 규칙을 지나치게 강조하면 아이는 다양한 선택지를 자유롭게 받아들이는 데 어려움을 겪을 수 있습니다. 예를 들어, 방학식 날 반 친구들과 함께 즐거운 시간을 보내자는 제안이 들어왔을 때, 아이는 무엇이 더 가치 있는 일인지 고민하기보다는 엄마가 정해둔 규칙을 지켜야 할지에만 신경을 쓰게 될 가능성이 있습니다. 자신의 하고 싶은 일에 대한 선택을 자유롭게 엄마와 얘기 나누기보다는 규칙을 어기는 것에 대한 부담감을 먼저 가질 수 있습니다. 이처럼 규칙과 계획을 중시하기 때문에, 갑작스러운 변화에 자유로운 선택을 하는데, 어려움을 겪을 수 있습니다.

● 효과적인 양육 전략

C형의 엄마는 계획적으로 체계적인 양육태도의 강점을 최대한 발휘하고 부족한 부분은 보완하는 다음과 같은 양육 전략이 필요합니다.

결과보다는 과정에 대한 칭찬

C형 엄마는 아이의 성장과 학습에 대해 규칙적이고 체계적인 방식을 추

구합니다. 이들은 아이가 실수하거나 높은 기대 수준에 못 미쳤을 때, 잘못된 점을 직설적으로 지적하기보다는 아이가 상실감이나 죄책감을 느끼지 않도록 배려하는 자세가 필요합니다. 아이의 마음을 다독여 줄 수 있는 따뜻한 표현들은 아이에게 위로와 격려를 전달하면서 동시에 엄마의 지지와 사랑을 느끼게 해줄 수 있습니다. 아래와 같은 표현들이 도움이 될 수 있습니다. "넌 어떤 상황에서도 엄마에게는 소중하고 자랑스러운 아이야."와 같은 아이가 엄마의 지지를 충분히 느낄 수 있는 표현의 말을 해주는 것이 필요합니다.

감정적 유대감 형성에 노력하기

평소 아이에게 규칙과 예절을 강조하는 C형 엄마는 자연스럽게 대화의 주요 내용이 과업이나 성과에 대한 평가로 이어지는 경우가 많습니다. 이로 인해 아이와의 대화가 지나치게 목적 지향적이거나 결과 중심적으로 흐를 수 있습니다. 또한, 논리적이고 분석적인 접근 방식을 선호하다 보니 아이의 감정적인 요구를 충분히 이해하고 공감하기보다는 문제의 원인과 해결책에 초점을 맞추게 되는 경우가 잦습니다.

이러한 대화 방식은 아이가 자신의 감정을 표현하거나 공감을 기대하는 데 있어 한계를 느끼게 할 수 있습니다. 아이는 자신의 감정이 존중받지 못한다고 느껴 엄마와의 정서적 소통을 줄이고, 결국 관계에서 정서적 유대감이 약화될 위험이 있습니다.

아이의 감정적인 요구를 채워주기 위해서는 엄마가 아이의 말에 논리적 분석 이전에 먼저 공감하고, "그래, 많이 속상했지?"와 같은 감정 중심의 대화로 아이의 마음을 이해하고 지지해 주는 노력이 필요합니다. 또한, 과업이나 성과에 대한 평가만이 아닌, 아이와의 일상적이고 편안한 대화를 통해 정서적인 교감을 쌓아가는 것도 중요합니다. 이러한 균형 잡힌 소통은 아이가 엄마와 더 깊은 유대감을 느끼게 하고, 감정적으로도 안정된 환경을 제공할 수 있습니다.

자유로운 의사결정 능력 함양

아이를 바르게 키우기 위해 규칙과 계획은 중요한 요소이지만, 아이는 살아가면서 다양한 상황에 놓이게 됩니다. 이럴 때 자유롭게 의사결정을 내릴 수 있는 능력을 키워주는 것이 필요합니다. "너 엄마랑 먼저 약속했잖아. 안 돼!"라는 단호한 표현보다는, "오늘 못한 대신 내일은 계획대로 하자"와 같이 타협점을 찾아 유연하게 사고할 수 있도록 도와주는 것이 중요합니다. 이렇게 함으로써 아이는 규칙을 지키는 것뿐만 아니라, 상황에 맞게 유연하게 대처하는 능력도 기를 수 있습니다.

C형 엄마의 양육 태도는 계획에 따라 체계적으로 접근하는 경향이 있어, 아이에게 책임감을 심어주고 주어진 일을 완벽하게 마무리하는 능력을 기르는 데 긍정적인 영향을 미칩니다. 그러나 지나치게 규칙과 성과를 강조하게 되면, 성과 중심의 대화가 주를 이루게 되어 감정적인 소통이 어려울 수 있고 유연한 사고를 하는데 어려움을 줄 수 있습니다. 엄마가 기대하는 결과의 완벽함보다는 아이가 성장하는 과정에서 엄마와 함께 즐기며 자유로운 의사결정을 내릴 수 있는 긴밀한 유대감 형성을 위한 노력이 필요합니다.

3

배우자와의 관계에서 아내의 행동 유형 알아보기

아내가 평소 남편에게 대하는 태도와 행동은 부부간의 관계와 자녀에게까지 연결될 수 있습니다. 예를 들어, C형 아내가 평소 논리적이고 분석적인 행동 태도를 지니고 있다면, 배우자와의 대화는 주로 문제 해결에 초점을 맞추게 되어 서로의 감정을 이해하고 나누는 기회가 줄어들 수 있습니다. 이로 인해 감정적인 유대감을 형성하는 데 어려움을 겪게 되며, 이러한 양육 환경에서 자란 자녀는 원활하지 않은 상호소통 방식에 영향을 받아 자신의 감정을 표현하거나 문제 상황에서 감정 상태를 말하는 데 어려움을 겪을 수 있습니다. 또다른 예를 들면, I형 아내는 활발하고 밝으며 감정 표현을 잘하는 성향을 가지고 있어, 남편과도 원활하게 감정을 교류할 수 있습니다. 부부 간에 서로 긍정적인 에너지를 주고받으며, 이 에너지는 자녀에게도 긍정적인 영향을 미칠 수 있습니다. 이처럼 부부 간의 소통 방식은 자녀가 사회적인 인간관계를 형성하는 데 중요한 영향을 미치며, 부모의 소통 방식을 배우고 이를 자신의 관계에 적용하게 됩니다.

① D형 (Dominance, 주도형)

● D형 아내와 배우자 간의 상호작용

주도형(D형)은 의사결정 속도가 빨라 추진력이 있고 목표지향적인 성향을 지닌 사람입니다. D형 아내는 도전을 두려워하지 않으며 발생한 문제에 주저하기보단 결단력 있고 주도적으로 문제를 해결하려고 합니다. 이러한 성격을 바탕으로 배우자와의 관계에서도 결과와 성과를 중요시하는 특징을 가지고 있습니다.

D형 아내는 가정에서 일어나는 문제에 대해 적극적으로 대처하려 하다 보니, 종종 자신의 감정을 중심으로 의사결정을 내리는 경향이 있습니다. 이러한 일방적인 사고와 소통 방식은 배우자와의 갈등을 초래할 수 있습니다. 일방적인 소통으로 인해 배우자는 자신의 생각이나 감정이 존중받지 못했다고 느낄 수 있으며, 이런 상황이 반복되면 부부간의 관계에서 감정적인 거리감이 생기게 됩니다. 이로 인해 부부간의 소통이 원활하지 못한 환경에서 자란 자녀는 효과적인 의사소통 방식을 배우지 못하는 부정적인 영향을 받을 수 있습니다.

● D형 아내의 장점

강한 리더십과 빠른 문제해결 능력

D형 아내는 목적지향적 성향이 있는 사람으로, 문제 상황에서 강한 리더십을 발휘합니다. 이들은 자신에게 주어진 일에 대해 높은 관심과 의욕을 가지고 목표를 설정하고 긍정적인 성과를 내기 위해 끊임없이 노력합니다. 또한, 가정에서 발생하는 문제들에 대해 적극적으로 대처하며, 함께 문제를 해결하도록 가족에게 동기를 부여하는 역할을 잘 수행합니다. 이러한 특성 덕분에 가정 내에서 효율적인 문제 해결을 이끌어내며, 가족 구성원들에게 책

임감과 성취감을 심어줄 수 있습니다.

예를 들어, 여름 휴가를 계획 중인 D형 아내는 먼저 가족들의 의견을 묻는 것으로 여름 여행 준비를 시작합니다. 아이들은 물놀이를 희망하고 남편은 휴양림에서의 편안한 휴식을 원한다면 이 두 가지 모두를 고려해 적극적으로 여름 여행 계획을 세웁니다. 대체로 망설이거나 주저함 없이 의사결정을 하며 효율적인 여행이 될 수 있도록 적극적으로 여행 계획을 세웁니다.

긍정 에너지 제공

D형 아내는 긍정적인 에너지를 가지고 있는 사람입니다. 가족에게 밝고 긍정적인 에너지를 전달하다 보니 D형 아내의 가정은 대체로 활력이 넘칩니다. 이들은 배우자에게 든든한 파트너의 역할을 하며 어려운 일도 함께 극복함으로 신뢰를 구축합니다.

● D형 아내에게 필요한 조언

같은 상황 속 다른 감정

아침 일찍 출발하는 여행을 계획한 D형 아내는 여행 준비로 인해 출발 시간이 늦어지자 남편에게 빨리 네비게이션을 맞추고 바로 출발하자고 재촉합니다. 그러나 느긋한 성격의 남편은 운전석에서 네비게이션을 맞추고, 경로와 방향을 꼼꼼히 확인하며 시간을 보내고 있습니다. 이 모습을 지켜보던 아내는 점점 답답함을 느끼고, 남편이 조금 더 빠르게 움직이지 않는 것에 불만을 느끼기 시작합니다. 한편, 남편은 아내의 재촉에 압박감을 느끼며 마음이 급해집니다. 이 상황은 두 사람 간의 성향 차이에서 오는 갈등을 드러냅니다. D형 아내는 자신의 방식과 속도로 상대방이 움직여 주길 바라는 경향이 강한 반면에, 배우자는 이를 지나친 지배와 통제로 느낄 수 있습니다. 예를 들어, 배우자가 느긋한 성격이더라도 "늦었는데 그냥 일단 출발 먼저 하면 안 돼?"라는 말을 통해 압박감을 줄 수 있습니다.

상대방 감정 이해와 공감 부족

D형 아내는 목표지향적인 성향이 강하기 때문에 목표 달성에 초점을 두고 문제를 해결하는 유형에 대화를 주로 하게 됩니다. 그러다 보니 자연스럽게 감정적인 소통에 약할 수 있습니다. 주도적으로 문제를 해결하려고 하고 성과에 집중하다 보니 문제를 해결하는 과정에서 상대방은 소외감을 느끼게 될 수 있습니다.

남편이 이직에 대해 고민할 때, 그가 필요로 하는 것은 단순한 의사결정의 조언이나 빠른 해결책이 아니라, 그 과정에서 겪는 감정적인 갈등과 불안에 대한 공감과 이해입니다. 그러나 D형 아내는 본능적으로 빠른 행동 촉구와 결단력 있는 의사결정을 중심으로 접근할 가능성이 큽니다. D형은 문제를 해결하는 데 중점을 두고, 결과를 빠르게 도출하려는 성향이 강하기 때문에, 남편이 고민을 털어놓으면 실용적이고 효율적인 방안을 제시하며 결정을 내리도록 압박할 수 있습니다.

예를 들어, 아내는 "이직을 고민하는 데 시간이 낭비될 수 있어, 빨리 결정을 내리고 준비를 시작하자"라고 말하면서 결단을 내리도록 재촉할 수 있습니다. 이때, 아내는 의도적으로 남편이 감정적으로 느끼고 있는 불안이나 갈등을 충분히 헤아리지 않고, 실용적인 해결책을 먼저 제시할 수 있기 때문에 남편은 오히려 감정적인 지원이 부족하다고 느낄 수 있습니다.

남편은 이직이라는 중요한 결정을 내리기 전에 자신의 감정 상태나 불안감, 두려움을 나누고 싶을 때가 많습니다. 그에게 필요한 것은 '결정을 내려야 한다'라는 조급한 메시지가 아니라, 그가 처한 상황에 대한 공감과 이해입니다. 남편은 아내가 그의 감정을 충분히 인정하고, 고민을 들어주며 진심으로 걱정하고 있다는 것을 느껴야만, 자신의 결정을 내리는 데 더 큰 확신을 가질 수 있습니다.

따라서 D형 아내는 남편이 단순히 빠른 결단을 내리기를 원하는 것이 아니라, 그 과정에서 겪는 감정적인 부담과 혼란을 이해하고 함께 나누는 공감의 대화가 필요하다는 점을 인식할 필요가 있습니다.

● 배우자와 효과적인 의사소통 전략

공감하려는 노력

남편이 어려운 상황에 대한 스트레스를 호소할 때 문제 해결을 위한 조언보다는 감정과 상황에 공감하는 노력이 필요합니다. "많이 심란했었구나. 맞아 나라도 그런 상황이라면 참 결정하기 어려울 것 같아"라고 말하며 상대의 감정에 공감하는 태도를 갖는 것이 중요합니다.

파트너십 보이기

D형 아내는 도전 정신과 자립심이 강한 성향을 가지고 있어, 부부가 함께 해결해야 할 문제도 스스로 생각하고 빠르게 처리하려는 경향이 있습니다. 이로 인해 종종 남편과의 협력이 부족할 수 있으며, 아내가 모든 것을 독립적으로 해결하려는 모습이 나타날 수 있습니다. 이러한 강한 자립심과 빠른 행동력 덕분에 문제를 신속하게 해결할 수 있지만, 때로는 부부간의 협력적인 소통이 부족해질 수 있음을 인식하는 것이 중요합니다.

D형 아내는 집안일을 효율적으로 해결하고자 하는 강한 의지를 가지고 있습니다. 예를 들어, 집안일이 밀리거나 일이 많을 때, 아내는 남편에게 "이것은 네가 맡고, 나는 이것을 할게"라고 분명히 역할을 정리하고, 빨리 일을 진행하려 할 수 있습니다. 그녀는 "우리가 각자 맡을 일을 정리하는 게 더 빠르다"는 생각으로, 집안일을 한정된 시간 안에 처리하려는 태도를 보입니다.

하지만 이런 태도는 남편에게 부담을 줄 수 있습니다. 남편이 가사노동에 대해 더 협의하고, 자신의 생각을 반영한 분담을 원할 경우, 아내는 빠른 해결을 중시하는 성향 때문에 남편의 의견을 충분히 듣지 않고 일방적으로 일을 정할 수 있습니다. 예를 들어, "오늘은 내가 다 할 테니까, 너는 내일 도와주면 돼"라고 말하면서 일을 독립적으로 처리하려 할 수 있습니다.

이러한 접근은 가사노동의 분담에서 효율성을 높이지만, 남편에게는 소통 부족으로 인한 불만이나 소외감을 느끼게 할 수 있습니다. D형 아내는 빠르게 문제를 해결하고자 하지만, 때로는 남편의 의견을 충분히 듣고 상호 협력적인 분담 방식을 찾는 것이 중요합니다.

유연한 사고력 기르기

일방적으로 지시하고 의견을 관철하려는 성향을 줄이고 배우자가 자신의 행동 속도와 방식대로 일을 처리하는 것을 존중하는 게 중요합니다. 예를 들어, 배우자가 느긋한 태도를 보이더라도 이를 존중하며, "어차피 늦어진 거 무리하지 말고 천천히 출발하자. 안전하게 가는 게 더 중요해"라고 말하며 상대가 편안한 감정을 느낄 수 있도록 배려하는 것이 필요합니다.

D형 아내는 강한 추진력과 리더십을 바탕으로 가정에 활력을 불어넣고,

빠른 속도로 문제를 해결하는 탁월한 능력을 지니고 있습니다. 그녀는 상황을 신속하게 파악하고, 필요한 결정을 빠르게 내리며, 이를 실행으로 옮기는 데 주저함이 없습니다. 이러한 능력 덕분에 가정 내에서 많은 일을 효율적으로 처리할 수 있지만, 때로는 지나치게 자기 중심적인 기준으로 상대방에게 행동을 강요할 수 있습니다. 이로 인해 상대방, 특히 남편과의 감정적인 소통이 원활하지 않거나 갈등을 초래할 수 있습니다.

따라서 D형 아내는 자신의 빠르고 효율적인 방식이 항상 최선이 아니라는 점을 인식하고, 상대방의 감정과 생각을 존중하며 소통하는 것이 중요합니다. 서로의 의견을 듣고 협력할 수 있는 공간을 만들어 가면서, 강한 추진력을 발휘하는 동시에 감정적인 이해와 배려도 함께 챙길 수 있습니다. 이렇게 감정적인 소통을 강화하고, 상대방의 의견을 존중하는 태도를 유지한다면, 가정 내에서 더욱 원활하고 행복한 관계를 유지할 수 있을 것입니다.

② I형 (Influence, 사교형)
■ I형 아내와 배우자 간의 상호작용

사교형(I형)은 밝고 활력이 넘치며 대화하는 것을 좋아해서 감정에 공감하고 자신의 감정을 잘 표현하는 특징을 가지고 있습니다. I형 아내는 배우자와의 관계에서도 감정 표현에 적극적이며, 긍정적인 에너지를 전달해 유쾌하고 즐거운 분위기를 만들어가는 데 뛰어난 능력을 가지고 있습니다. 그녀의 밝고 활발한 성격은 가정의 분위기를 따뜻하고 생기 있게 만들어주지만, 감정을 잘 감추지 못하고 솔직하게 드러내다 보니 감정의 기복이 나타날 수 있습니다. 이러한 기복은 때로는 배우자에게 혼란을 주거나, 일관되지 못한 태도로 인해 불편함을 느끼게 할 수도 있습니다.

따라서 I형 아내는 자신의 감정을 조절하는 법을 배우고, 지나친 감정에 휘둘리지 않으며 균형 잡힌 태도를 유지하는 것이 중요합니다. 예를 들어, 감정이 격해지는 순간에는 자신의 감정에 대해 객관적으로 바라보거나, 잠시 시간을 두고 감정을 통제하는 노력한다면 부부간의 소통은 더욱 원활해지고, 배우자에게도 안정감을 줄 수 있습니다.

또한, I형 아내는 자신의 장점인 긍정적인 에너지를 살리면서도, 배우자의 감정과 의견을 더 세심하게 들으려는 노력을 기울인다면, 서로를 더욱 깊이 이해하고 존중하는 관계를 만들어갈 수 있습니다. 감정을 조절하면서도 자연스럽게 표현하는 균형을 유지할 때, 그녀의 밝은 성격은 배우자와의 관계뿐 아니라 가정의 전반적인 행복에도 기여하게 될 것입니다.

● I형 아내의 장점

긍정의 아이콘

I형 아내는 가정에 분위기를 밝게 만드는 존재로, 배우자와의 관계에서도 긍정적인 에너지를 나누어주는 역할을 하게 됩니다. 이들은 배우자와 대화하고 시간을 보내는 것을 좋아하고 긍정적인 마음으로 어려운 집안 행사나 문제 등을 해결하려고 노력합니다. 어떤 어려운 상황이 닥치더라도 이를 긍정적으로 받아들이고, 배우자와 함께 소통하며 이겨내는 것에 큰 가치를 두는 것이 I형 아내의 특징입니다. 이러한 태도는 부부 간의 유대감을 강화하고, 가정을 더 따뜻하고 화목하게 만들어줍니다.

정서적 감정 지지자

I형 아내는 배우자의 감정에 대해 관심을 가지며 서로의 감정을 공유하는 것을 중요한 가치로 생각합니다. 배우자가 고민거리를 이야기하면 I형 아내

는 적극적으로 반응하며 정서적 지지를 아끼지 않습니다. 이로 인해 대화 내용을 주저하지 않고 편안한 마음으로 이야기할 수 있는 분위기가 만들어집니다.

이러한 태도는 배우자가 자신의 감정을 안전하게 표현할 수 있도록 돕고, 두 사람 간의 정서적 유대감을 깊게 만드는 데 큰 역할을 합니다. I형 아내의 이런 따뜻하고 공감적인 접근은 배우자에게 힘이 될 뿐만 아니라, 관계를 더욱 건강하고 풍요롭게 만드는 중요한 요소로 작용합니다.

친화력과 정서적 유대감

I형 아내는 사람에 관한 관심뿐만 아니라 사물에 대한 관심도 많은 특징을 가지고 있습니다. 이들은 다양한 분야에 관심을 가지고 있어서 정보를 알아가는 것을 즐기며 주변 사람들과 정보를 공유하는 것을 좋아합니다. 이러한 정보력은 다양한 사람들과의 대화도 자연스럽게 이끌어 가는 원동력이 되기도 합니다. 배우자의 감정에 깊은 관심을 가지며, 서로의 감정을 공유하고 공감하는 것을 중요한 가치로 여깁니다. 그녀는 배우자에게 정서적으로 지지하고 격려하는 데 적극적인 태도를 보이며, 이를 통해 배우자가 안정감과 위로를 느낄 수 있도록 도와줍니다.

● I형 아내에게 필요한 조언

계획성, 체계성 부족

I형 아내는 상황에 따라 즉흥적으로 감정을 표현하고 이를 행동으로 옮기려는 성향이 강합니다. 이러한 성격 때문에 미리 계획된 일정을 체계적으로 따라가는 데 어려움을 느끼거나, 일관성이 부족하다는 인상을 줄 수 있습니다. 이로 인해 배우자가 혼란을 겪거나, 갑작스러운 감정 변화와 제안에 당혹

감을 느낄 때도 있습니다.

예를 들어, 배우자가 미리 계획해 둔 일정이 있음에도 I형 아내가 갑작스럽게 새로운 제안을 한다면, 배우자는 예상치 못한 변화에 당황할 수 있습니다. "우리 오늘 계획했던 것보다 갑자기 이곳에 가보는 게 어때?"라며 즉흥적인 제안을 할 때, 배우자는 기존 계획을 따를지 아니면 새로운 계획에 따라야 할지 혼란스러워할 수 있습니다.

이러한 상황에서 I형 아내는 자신의 즉흥적인 성향이 배우자에게 부담이 될 수 있다는 점을 인지하고, 배우자의 입장을 충분히 고려하려는 노력이 필요합니다. 즉흥적인 아이디어가 떠올랐을 때, 배우자와 먼저 충분히 대화를 나누고, 기존 계획과 조화를 이루는 방안을 함께 모색한다면, 두 사람 모두 만족스러운 결과를 얻을 수 있습니다.

또한, I형 아내의 창의적이고 즉흥적인 제안은 가정에 활기를 불어넣을 수 있는 장점이 있습니다. 이를 긍정적으로 활용하기 위해서는 배우자와 협력하며 서로의 의견을 조율하는 균형 잡힌 태도가 중요합니다. 이렇게 감정적인 즉흥성을 잘 조율한다면, 부부 관계는 더욱 풍성해지고 조화로운 방향으로 나아갈 수 있습니다.

즉흥적 감정 표현

I형 아내는 감정을 적극적으로 표현하며 다른 사람의 감정에 공감하는 뛰어난 능력을 가지고 있습니다. 그러나 즉흥적으로 변하는 감정 기복이 클 수 있어, 배우자가 이를 예측하고 적절히 대응하기 어려움을 느낄 때도 있습니다.

예를 들어, 아내가 갑작스럽게 여행을 제안해 여행지에 도착했지만, 도착 후 피곤함을 느껴 "숙소에 들어가서 좀 쉬자"라고 한다면, 여행을 시작하려고 기대했던 배우자는 예상치 못한 아내의 반응에 당혹스러움을 느낄 수 있습니다.

이러한 상황은 I형 아내의 즉흥적인 특성과 감정 변화의 자연스러운 결과이지만, 배우자에게 혼란을 줄 수 있다는 점에서 균형 있는 소통이 필요합니다. 여행을 계획할 때, 자신의 에너지와 컨디션을 미리 고려하거나, 여행 중 상황에 따라 유연하게 대처하겠다는 기대를 배우자와 미리 공유한다면 불필요한 갈등을 줄이고 더 즐거운 시간을 보낼 수 있을 것입니다.

I형 아내의 장점인 활발한 감정 표현과 공감 능력을 살리면서도, 순간적인 감정 변화가 배우자에게 영향을 미칠 수 있음을 이해하고, 서로의 입장을 존중하며 조율하려는 노력이 중요합니다.

● 배우자와 효과적인 상호작용 전략
계획성과 체계성을 더하기

부부가 이달에 해야하는 집안 행사가 있을 때, I형 아내가 배우자에게 새로운 제안을 하거나 의견을 나눌 때는 즉흥적인 접근보다는 체계적이고 계획적인 대화 방식을 활용하는 것이 배우자에게 안정감을 줄 수 있습니다. 예를 들어, 집안 행사 일정과 계획을 사전에 공유하여 배우자가 새로운 제안에 대해 미리 생각할 시간을 주는 것이 중요합니다. 또한, 행사와 관련된 구체적인 역할과 필요한 준비 사항을 미리 전달하면 배우자가 혼란스러워하지 않고 자신의 역할과 책임을 명확히 이해할 수 있습니다.

아내가 새로운 아이디어를 제안하면서 배우자의 의견을 물어본다면, 배우자는 행사 준비 과정에 주체적으로 참여할 동기를 얻게 되고, 동시에 자신의 의견이 존중받는다는 느낌을 받을 수 있습니다. 이러한 접근은 부부간의 소통을 더욱 원활하게 하고, 행사 준비 과정에서 협력과 신뢰를 강화하는 데 도움을 줄 것입니다.

주어진 일에 대한 끈기와 책임감 보이기

I형 아내는 아이의 학업 지원이나 잘못된 행동에 대한 훈육에 있어 즉흥적인 접근보다는 명확한 규칙과 일관된 방식을 통해 지속적으로 진행하는 모습을 보일 때 배우자는 더 큰 안정감을 느낄 수 있습니다.

예를 들어, 아이의 학업을 돕는 과정에서 I형 아내가 특정 시간에 정기적으로 학습 습관을 점검하거나 아이와 함께 목표를 설정해 꾸준히 실천하도록 돕는다면, 배우자는 아내의 체계적인 지원에 신뢰를 느끼게 됩니다. 또한, 아이가 잘못된 행동을 했을 때 감정에 휩싸여 즉각적인 반응을 하기보다는, 미리 정해둔 훈육 기준에 따라 차분하고 일관되게 대응한다면 아이에게도 긍정적인 영향을 미칠 수 있습니다.

이와 같은 접근 방식은 배우자와 아이 모두에게 안정감을 줄 뿐만 아니라, 부부가 함께 양육의 원칙을 공유하며 협력할 수 있는 기반을 마련합니다. 특히 배우자는 아내의 체계적이고 일관된 태도를 통해 가정 내에서 더 큰 신뢰와 유대감을 형성할 수 있습니다.

배우자의 니즈 확인

I형 아내는 즉흥적이고 자신이 하고자 하는 것을 빠르게 결정하는 경향이

있습니다. 그러나 자신이 필요한 것을 제안하기 전에 배우자의 의견과 니즈를 먼저 파악하려는 노력이 필요합니다. 감정에 치우치는 성향 때문에 상대방의 컨디션과 감정을 간과할 가능성이 있으며, 자신의 감정 상태와 배우자의 감정이 동일할 것이라고 쉽게 판단할 수 있습니다.

따라서, 자신의 제안을 이야기하기 전에 배우자의 상태를 확인하는 과정이 중요합니다. 예를 들어, "오늘 영화 보러 갈까 생각 중인데, 컨디션은 어때?"처럼 배우자의 상태를 먼저 물어보는 대화 방식을 통해 상대방의 감정을 존중하고 배려하는 태도를 보일 수 있습니다. 이러한 사전 대화는 배우자로 하여금 자신의 의견이 존중받고 있음을 느끼게 하고, 부부 간의 소통과 유대감을 강화하는 데 도움이 됩니다.

I형 아내는 활력 있고 가정의 분위기를 밝게 이끌며 정서적으로 안정감을 제공하는 뛰어난 능력을 가지고 있습니다. 그러나 부부 간의 소통을 더욱 효과적으로 이루기 위해서는 새로운 일을 추진하거나 문제 상황에 대해 대화를 나눌 때, 체계적이고 계획적인 접근을 통해 상대방의 의견을 묻고 존중하는 태도가 필요합니다. 이러한 의사소통 방식은 서로에 대한 존중과 신뢰를 형성하는 데 중요한 역할을 하며, 부부 관계를 한층 더 긍정적으로 발전시킬 수 있습니다.

③ S형 (Steadiness, 안정형)
● S형 아내와 배우자 간의 상호작용
안정형(S형)은 평소 배우자와의 대화에서 언성을 높이지 않고 온화한 분위기를 유지하는 특징이 있습니다. 배려심이 깊고 헌신적이어서 신뢰를 바탕으로 안정적인 소통을 추구합니다. 이러한 특징 덕분에 S형 아내는 상대의 의견에 귀 기울이며, 대화할 때 편안한 분위기를 조성하고 배우자에게 자신이 존중받고 있다는 인상을 심어줍니다.

● S형 아내의 장점

편안한 가정 분위기 형성

S형 아내는 배우자에게 평온하고 따뜻한 환경을 제공하며, 가정에서 협력과 조화를 유지하려고 노력합니다. 배우자가 고민이 있을 때, 그 고민을 잘 들어주고 편안하게 대화할 수 있는 분위기를 만들어 안정감을 주는 역할을 합니다. 이로 인해 힘든 일이 있을 때, 많은 사람들이 S형 아내에게 상의하고 싶은 마음을 가지게 됩니다.

인내하고 희생적인 태도

S형 아내는 공동체 의식을 중요하게 여기며 협력하고 조화롭게 문제를 해결하려는 성향을 가지고 있습니다. 배우자가 직장일로 바빠 육아에 소홀할 때, 혼자 육아를 전담해야 하는 어려운 상황 속에서도 불평이나 불만보다는 배우자의 입장을 배려하고 이해하려 노력하며, 묵묵히 그 책임을 다하려고 합니다.

● S형 아내에게 필요한 조언

변화에 대한 유연한 사고

S형 아내는 변화를 선호하지 않으며 익숙하고 안정적인 환경에서 심리적인 편안함을 느낍니다. 일상적인 패턴과 규칙을 유지하는 것이 중요하며, 예측 가능한 상황에서 더 큰 안정감을 찾습니다. 이러한 성향으로 인해 새로운 상황이나 급격한 변화가 생기면 불안감을 느끼거나 스트레스를 받을 수 있습니다. 예를 들어, 배우자의 잦은 직업 변경이나 갑자기 발생한 집안 문제

등은 S형 아내에게 큰 부담으로 다가올 수 있습니다.

따라서 변화에 대한 불안감을 최소화하기 위해 배우자나 주변 가까운 사람들과 충분히 대화하며 일어난 변화를 긍정적으로 받아들이려는 노력이 필요합니다. 갑작스러운 변화가 부담스럽게 느껴진다면, 작은 변화부터 천천히 받아들이고 이에 적응할 수 있는 방법을 찾아 실천하는 것부터 시작하는 것이 좋습니다. 점차적으로 변화를 자연스럽게 받아들이는 경험을 쌓을 수 있으며, 긍정적인 마인드를 유지하며 변화의 흐름을 따라갈 수 있을 것입니다. 이 과정에서 자신이 느끼는 감정이나 불안을 솔직하게 표현하는 것도 중요한 부분입니다. 주변의 지원과 이해를 얻을 수 있으며, 변화에 대한 스트레스도 줄어들게 됩니다.

지나친 희생을 강요

S형 아내는 갈등을 피하고 평화를 유지하려는 경향이 강합니다. 자신이 감당할 수 있는 상황이라고 생각하면 최대한 참고 인내하며 문제를 해결하려고 합니다. 이 때문에 때때로 중요한 문제를 피하거나, 자신이 잘못한 것이 아니더라도 모든 책임을 자신에게 떠안고 괴로워하는 때도 있습니다. 이러한 태도는 일시적으로 갈등을 피할 수 있지만, 결국 감정적으로는 더 큰 부담이 될 수 있습니다. 문제를 회피하지 않고, 솔직히 이야기하는 것이 중요하며, 자신이 감당할 수 있는 범위에서만 희생하는 것이 필요합니다.

● 배우자와 효과적인 상호작용 전략

변화에 유연하게 대처하기

배우자와 대화하는 과정에서, 배우자가 제안하는 새로운 시도에 대해 우려하거나 부정적인 피드백을 주기보다는, 먼저 긍정적으로 받아들이려는 노력이 필요합니다. 예를 들어, 현재 직장에 만족하지 못하는 남편이 이직을 고민하고 있을 때, 아내는 그의 고민을 잘 듣고, 그의 입장에서 긍정적인 방향을 제시하며 지원하는 태도가 중요합니다. 이직에 대한 우려보다는, 남편이 이직을 고민하는 이유를 이해하려고 하고, 그가 원하는 방향에 대해 함께 탐색하는 자세를 보이는 것이 필요합니다.

적극적인 자세로 갈등을 직면하기

S형 아내는 대화 중 자신의 의견이 분위기를 해치거나 갈등을 일으킬 수 있다고 판단될 경우, 자신의 생각을 표현하지 않고 참고 회피하는 경향이 있습니다. 결국 자신의 의견을 제대로 표현하지 않음으로써, 중요한 문제나 우려 사항이 해결되지 않고 쌓일 수 있습니다. 또한, 대화의 부재로 인해 배우자는 아내가 갖고 있는 반대 의견이나 부정적인 감정을 정확히 이해하지 못하게 되어, 원활한 소통에 방해될 수 있습니다.

S형 아내는 자신의 감정을 표현하는데 처음에는 주저할 수 있지만 자신의 의견을 표현할 수 있는 환경을 만들어 가는 노력이 필요합니다. 먼저 배우자에게 "내가 이런 얘기를 하면 당신이 화가 날까봐 걱정되서 말을 못하겠어"라는 표현으로 상대방에게 자신의 의견을 물어볼 수 있는 대화법을 사용하는 것도 하나의 방법일 수 있습니다. 처음에는 어려울 수 있으나 원활한 소통을 위해서 자신의 의견을 차분하게 말하는 연습이 필요합니다.

S형 아내는 자신의 감정을 표현하는 데 있어 처음에는 주저할 수 있지만, 점차적으로 의견을 표현할 수 있는 환경을 조성하는 노력이 필요합니다. 예를 들어, "내가 이런 얘기를 하면 당신이 화가 날까 봐 걱정돼서 말을 못하겠어"라는 표현을 사용하여 상대방에게 자신의 감정을 솔직하게 전달하고, 의견을 물어보는 대화법을 시도하는 것이 좋은 방법이 될 수 있습니다. 처음에

는 어려울 수 있지만, 원활한 소통을 위해서는 자신의 생각을 차분하게 말하는 연습이 중요합니다. 이러한 작은 노력들이 쌓이면, 점차적으로 더 자연스럽게 의견을 표현하고, 배우자와의 관계에서 더 깊은 이해와 신뢰를 쌓을 수 있을 것입니다.

의사결정에 적극적으로 참여하기

S형 아내는 상대의 제안을 거절하는 것을 불편하게 여기는 경향이 있습니다. 가능한 한 상대의 의견에 맞추어 조화를 이루고 갈등을 피하려고 합니다. 하지만 이로 인해 때로는 자신의 필요나 원하는 바를 억누르고 지나칠 수 있습니다. 결과적으로, 본인의 감정이나 의견이 충분히 표현되지 않거나, 갈등을 피하려다 중요한 문제를 회피하게 될 수도 있습니다.

자신의 의견을 명확하게 전달하고, 상황에 따라 결정을 내리는 과정은 단지 개인의 필요를 충족시키는 것뿐만 아니라, 관계에서도 건강한 소통을 이끌어낼 수 있는 중요한 방법입니다. 이를 위해, 우선 자신의 감정이나 생각을 명확히 인식하고, 이를 부드럽고 직설적인 방식으로 표현하는 연습이 필요합니다.

④ C형 (Compliance, 신중형)
● C형 아내와 배우자 간의 상호작용

신중형(C형)은 논리적이고 분석적인 접근 방식을 선호하는 성향을 가지고 있어, 의사결정 시 세부 사항을 꼼꼼하게 따지고 완벽하게 마무리하려는 경향이 있습니다. C형 아내는 가정 내에서도 이런 특성을 보이며, 배우자와의 대화에서도 논리적이고 체계적인 방식으로 접근하려 합니다. 이를 통해 실수 없이 문제를 해결하고, 자신이 맡은 일을 완벽하게 수행하려는 마음가짐을 가지고 있습니다.

하지만 이러한 성향이 지나칠 경우, 자신이 믿고 있는 사실에 지나치게 의존하게 되어 타인의 의견이나 감정을 간과할 수 있습니다. 이로 인해 감정적인 소통이 부족해지고, 배우자는 자신이 존중받지 못한다고 느낄 수 있습니다. 원활한 소통을 위해서는 C형 아내가 자신의 논리적인 접근뿐만 아니라 배우자의 감정을 이해하려는 노력이 필요합니다.

배우자와의 대화에서 감정적인 면을 고려하고, 논리적인 설명 외에도 상대방의 감정이나 의견을 적극적으로 받아들이는 태도가 중요합니다. 예를 들어, 배우자가 어떤 어려움이나 감정을 표현할 때, 그에 대한 공감의 표현을 덧붙이고, 감정적 유대감을 형성하는 것이 관계를 더욱 원활하게 만듭니다. C형 아내가 감정과 논리를 적절히 균형 있게 다루면, 더욱 건강한 소통을 할 수 있을 것입니다.

● C형 아내의 장점

체계적이고 계획적인 관계 형성

C형 아내는 일반적으로 논리적이고 계획적인 성격을 가지고 있습니다. 이들은 정확성에 신경을 쓰고, 결과에 대한 높은 완성도를 추구합니다. 이들은 가정에서 배우자와의관계에서도 체계와 규칙을 중요시 여깁니다. 가사 분담이 자녀 양육 등 있어서 역할 역시 체계적이고 계획적인 접근 방식을 선호합니다.

완벽한 문제 해결을 추구

C형 아내는 주어진 과업에 최선을 다하며 완벽하게 완성하려는 노력을 기울입니다. 만약 기대한 성과를 얻지 못했을 경우, 불안감과 스트레스를 느끼는 경향이 있습니다. 이 때문에 철저한 준비 과정을 통해 일을 완수하는

데 뛰어난 능력을 발휘합니다. 배우자와의 대화에서도 감정적 공감보다는 문제의 본질을 파악하고, 효과적인 해결책을 도출하려는 적극적인 자세를 보입니다.

강한 책임감

C형 아내는 주어진 일에 대해 끝까지 완성하려는 강한 책임감을 가진 사람입니다. 가정에서 정해진 규칙과 질서를 지키며 자신의 역할에 최선을 다합니다. 이러한 태도 덕분에 배우자로부터 신뢰를 얻고, 안정적인 분위기를 조성하는 데 중요한 역할을 합니다.

● C형 아내에게 필요한 조언

지나친 완벽주의 성향

C형 아내는 논리적 사고와 뛰어난 분석력을 바탕으로 높은 기준을 설정하며, 과업을 수행하는 과정에서 세세한 부분까지 신경을 씁니다. 이러한 높은 기준은 배우자에게도 자연스럽게 반영되어, 자신의 기준을 중심으로 기대와 요구를 표현하는 경향이 있습니다. 이러한 점은 배우자에게 부담감을 줄 수 있고 기대에 못 미치는 결과가 도출되었을 때 지난 과정에 대한 노력을 충분히 인정받지 못했다고 느낄 수 있습니다.

감정적 측면에서 원활한 소통 부족

C형 성향의 아내는 목표를 체계적으로 세우고 이를 실행하는 데 집중하는 특징이 있습니다. 그러나 이러한 목표 지향적인 성향 때문에 때로는 배우자의 감정을 세심하게 살피지 못할 가능성이 있습니다. 배우자가 고민을 털어놓으며 공감을 원하는 상황에서도, C형 아내는 공감보다는 문제 해결에 초점을 맞추는 경우가 많습니다. 이로 인해 배우자는 충분히 공감받지 못한

다고 느끼고, 서로 간의 유대감이 약해질 수 있습니다.

관대함 인간미 부족

C형 성향의 아내는 계획적이고 체계적으로 일을 처리하는 것을 선호하며, 규칙과 원칙을 중요하게 여깁니다. 그녀는 항상 높은 기대치를 가지고 있으며, 좋은 결과를 얻기 위해 일을 철저하고 엄격하게 관리하려는 경향이 있습니다. 이러한 성향은 책임감과 결과 중심적인 태도로 이어질 수 있지만, 한편으로는 함께 일하거나 관계를 맺는 사람들에게 부담으로 느껴질 수도 있습니다.

특히, 일을 처리하는 과정에서 실수나 미숙한 부분이 발견되었을 때, 관대하게 이해하려 하기보다는 더 나은 결과를 위해 끊임없이 개선을 요구할 가능성이 높습니다. 이런 행동은 상대방에게 지나치게 엄격하거나 까다로운 사람으로 보일 수 있습니다. 결과적으로, 주변 사람들은 그녀를 "찔러도 피한 방울 안 나올 사람"이라고 오해하거나, 지나치게 완벽만을 추구하는 사람으로 느낄 수 있습니다.

이러한 이미지 때문에 다른 사람들이 쉽게 그녀에게 부탁하지 못하거나, 인간적인 면에서의 친근한 교류를 꺼리는 상황이 생길 수도 있습니다. 그 결과, 그녀의 의도는 좋은 결과를 위한 노력임에도 불구하고, 인간적인 유대감이 약화되거나 주변 사람들과의 관계에 거리감이 생길 수 있습니다.

● 배우자와 효과적인 상호작용 전략

너그러운 이해심으로 대하기

C형 성향의 아내는 계획적이고 체계적인 것을 중요하게 생각하기 때문

에, 배우자가 규칙이나 약속을 지키지 않거나 계획에서 벗어나는 행동을 할 때 불편함을 느끼는 경우가 많습니다. 그녀는 이러한 상황에서 문제를 바로 잡으려는 노력을 지속적으로 하게 되며, 이는 배우자에게 때로는 부담으로 느껴질 수도 있습니다.

특히, C형 아내는 일이 계획대로 순조롭게 진행되지 않을 경우, 배우자의 입장이나 감정을 살피기보다는 일이 잘못될지 모른다는 불안감에 집중하게 될 수 있습니다. 이러한 불안감은 편안한 마음을 유지하기 어렵게 만들며, 결과적으로 두 사람 간의 감정적인 거리감을 만들 수 있습니다.

하지만 모든 일이 항상 계획대로 흘러가지는 않는다는 점을 이해하고, 일의 결과뿐 아니라 과정을 함께 즐기려는 마음가짐이 중요합니다. 또한, 일을 진행하는 동안 배우자의 감정이 처음과 달라질 수도 있다는 사실을 받아들이고, 배우자의 입장을 공감하며 서로 대화를 나누는 것이 필요합니다. 지나치게 목표 지향적으로만 사고하기보다는, 문제의 다양한 원인과 배우자의 감정을 이해하려는 노력이 관계를 더 건강하게 만드는 데 큰 도움이 될 것입니다.

즉흥적인 제안도 수용하기
C형 성향의 아내는 체계적이고 계획적인 것을 중요하게 여기기 때문에, 갑작스러운 제안이나 계획 변경에 대해 불편함을 느낄 수 있습니다. 이는 그 제안을 충분히 생각하고 분석할 시간이 필요하기 때문입니다. 시간이 부족할 경우, 제안을 바로 받아들이는 것이 부담스러울 수 있습니다.

하지만 제안이 본인에게 갑작스럽고 예상치 못한 것이라 하더라도, 배우자의 감정을 고려하며 긍정적으로 대응하려는 노력이 중요합니다. 예를 들어, "나에게는 예상하지 못했던 제안이지만, 의견을 말해줘서 고마워. 당신의 제안을 바탕으로 함께 계획을 세워보자"와 같은 방식으로 반응한다면, 제안을 거부하거나 피하는 대신 수용하면서 공감하는 태도를 보여줄 수 있습니다.

이러한 노력은 배우자와의 관계에서 유연함을 키우고, 서로의 감정을 존중하며 긍정적인 상호작용을 만들어가는 데 도움이 될 것입니다.

C형 아내는 맡은 일을 철저히 계획하고 책임감 있게 해내는 성향 덕분에 실패할 가능성이 적습니다. 이러한 성격은 가정과 배우자에게 안정감을 주고, 가족들에게 높은 신뢰를 받게 합니다. 하지만 완벽주의 성향이 지나치면 가족 간의 소통이 부족해질 수 있고, 배우자에게 부담을 줄 수도 있습니다. 따라서 일 중심적인 사고에서 벗어나 상대방의 감정을 공감하고 나누려는 노력이 필요합니다.

워크시트

1. D유형 주요 특성은 다음과 같습니다.
   특성에 가까운 항목을 체크해 보세요.

① 빠르고 확실한 결정을 내리며, 신속한 판단을 통해 상황을 주도하려는 경향이 있습니다(Goleman, 1995).

② 목표 달성을 위해 집중하며, 이를 위한 강한 추진력을 가지고 있습니다 (Travis Bradberry & Jean Greaves, 2009).

③ 리더십을 발휘하고, 상황을 주도하며 문제를 해결하려는 성향이 강합니다(Stewart, 2003).

④ 새로운 도전과 리스크를 감수하는 경향이 있으며, 이를 통해 성장과 변화를 추구합니다(Goleman, 1995).

⑤ 압박 상황에서도 결과를 중요시하며, 스트레스 상황에서도 차분하게 문제를 해결하려고 합니다.(Travis Bradberry & Jean Greaves, 2009).

⑥ 경쟁을 선호하고, 승리에 대한 강한 욕구를 가지고 있습니다(Stewart, 2003).

⑦ 감정보다는 실용적이고 직설적인 의사소통을 선호하며, 문제를 해결하는데 집중합니다(Goldman, 2015).

⑧ 자신감이 높고, 자신의 결정을 확고히 믿으며 자신이 설정한 목표를 향해 나아갑니다(Goleman, 1995).

⑨ 기존 방식을 바꾸고 새로운 방법을 시도하는 것에 대해 개방적이며 혁신적인 접근을 선호합니다(Goldman, 2015).

⑩ 과정보다는 결과를 중시하며, 효율적으로 일을 처리하려는 경향이 강합니다.(Travis Bradberry & Jean Greaves, 2009).

해당 항목

(개)

2. I유형 주요 특성은 다음과 같습니다.
특성에 가까운 항목을 체크해 보세요.

① 사람들과의 교류를 즐기며, 활발한 대화를 통해 관계를 형성하고 유지하려는 경향이 있습니다(Stewart, 2003).

② 밝고 긍정적인 태도로 주변 사람들에게 에너지를 전달하며, 분위기를 활기차게 만듭니다(Goleman, 1995).

③ 타인을 설득하는 데 능숙하며, 이야기를 통해 자신의 생각을 자연스럽게 전달합니다(Travis Bradberry & Jean Greaves, 2009).

④ 감정을 잘 드러내며, 타인과의 공감과 감정적 연결을 중요하게 생각합니다(Goldman, 2015).

⑤ 유연한 사고와 창의적인 아이디어를 제시하는 데 능하며, 새로운 접근 방식을 즐깁니다(Stewart, 2003).

⑥ 타인의 관심과 인정에 민감하며, 칭찬이나 피드백을 통해 동기부여를 받습니다(Goleman, 1995).

⑦ 다른 사람들과의 협업을 통해 목표를 달성하는 것을 선호하며, 협동에 있어 강한 의지를 보입니다(Travis Bradberry & Jean Greaves, 2009).

⑧ 어려운 상황에서도 긍정적인 면을 찾으려 하며, 팀 분위기를 밝게 만듭니다(Goldman, 2015).

⑨ 계획보다는 상황에 따라 즉흥적으로 대처하는 유연성을 보입니다(Stewart, 2003).

⑩ 논리보다는 감정을 기반으로 사람들과 소통하며, 친밀한 관계를 유지하려는 성향이 강합니다(Goleman, 1995).

해당 항목

(개)

3. S유형 주요 특성은 다음과 같습니다.
특성에 가까운 항목을 체크해 보세요.

① 안정적이고 차분한 환경을 선호하며, 급격한 변화보다는 일관성을 유지하려는 경향이 있습니다(Stewart, 2003).

② 믿을 수 있는 성격으로, 맡은 일을 책임감 있게 수행하며 신뢰를 주는 행동을 보여줍니다(Goleman, 1995).

③ 다른 사람들과의 협력을 중시하며, 조화를 이루기 위해 노력합니다(Travis Bradberry & Jean Greaves, 2009).

④ 상대방의 입장을 고려하며, 공감과 이해를 통해 대인관계를 원활히 유지하려 합니다(Goldman, 2015).

⑤ 인내심이 강하며, 시간이 걸리는 일도 꾸준히 완수하려는 태도를 보입니다(Stewart, 2003).

⑥ 조직이나 관계에 대한 높은 충성심을 보이며, 신뢰를 바탕으로 장기적인 관계를 유지하려 합니다(Goleman, 1995).

⑦ 갈등을 피하려는 경향이 있으며, 평화로운 분위기를 유지하기 위해 조화를 중요하게 여깁니다(Travis Bradberry & Jean Greaves, 2009).

⑧ 다른 사람들을 돕고 지원하는 데 적극적이며, 자신보다는 타인의 필요를 우선시하기도 합니다(Goldman, 2015).

⑨ 변화보다는 안정적인 환경에서 자신의 역량을 발휘하며, 변화가 필요할 경우에도 신중하게 접근합니다 (Stewart, 2003).

⑩ 세세한 부분까지 꼼꼼히 챙기며, 실수를 줄이고 완성도 높은 결과물을 추구합니다(Goleman, 1995).

해당 항목

(개)

4. C유형 주요 특성은 다음과 같습니다.
특성에 가까운 항목을 체크해 보세요.

① 사물을 논리적으로 분석하며, 세부 사항을 신중히 검토하는 경향이 있습니다(Goleman, 1995).

② 높은 정확성을 중시하며, 실수를 최소화하기 위해 철저히 준비합니다(Travis Bradberry & Jean Greaves, 2009).

③ 정해진 규칙과 절차를 따르는 것을 선호하며, 체계적인 접근을 중요하게 여깁니다(Stewart, 2003).

④ 높은 완성도를 추구하며, 주어진 과제를 철저하게 완수하려는 태도를 보입니다(Goldman, 2015).

⑤ 복잡한 문제를 논리적으로 해결하며, 세부적인 계획을 통해 문제를 처리합니다(Stewart, 2003).

⑥ 감정보다는 사실과 데이터를 바탕으로 의사결정을 내리는 경향이 있습니다(Goleman, 1995).

⑦ 상황의 약점을 빠르게 파악하며, 문제점이나 개선점을 명확히 제시하는 능력을 가지고 있습니다(Travis Bradberry & Jean Greaves, 2009).

⑧ 계획적이고 체계적인 사고를 통해 일을 효율적으로 정리하고 관리합니다(Goldman, 2015).

⑨ 사소한 부분까지 꼼꼼히 신경 쓰며, 완성도 높은 결과를 만들어내는 데 집중합니다(Stewart, 2003).

⑩ 맡은 일에 대해 높은 책임감을 느끼며, 결과에 대한 책임을 다하려는 성향이 강합니다(Goleman, 1995).

해당 항목

(개)

피터 드러커(Peter Drucker)

"성공한 사람들의 대부분은
자신의 강점을 극대화하고 거기에 집중한다.
결정적 순간은 강점에서 만들어지고,
탁월한 성과를 낸 사람들은
이 사실을 매우 잘 활용했다.
강점을 통해서만 성과를 만들어 낼 수 있다."

3장

: 아이의 강점을 발견하기

1

강점에 대한 오해와 진실

    어릴 적부터 성인이 되기까지 우리는 종종 "너가 잘하는 것이 뭐니?" 혹은 "너의 장점은 무엇이니?"라는 질문을 받으며 자라왔습니다. 하지만 나이가 들수록 이 질문에 대답하기 어려워지고 주저하게 되는 경우가 많습니다. 특히, 초등학생들에게 이와 같은 질문을 하면 아이들은 자신 있게 "저는 그림을 잘 그려요", "저는 운동을 잘해요", "저는 수영을 잘해요" 등과 같은 다양한 대답을 합니다. 반면, 대학교에서 성인이 된 학생들이게 이와 같은 질문을 하면 대답을 망설이거나 주저하며 한참을 고민하는 모습을 볼 때가 많습니다. 대학교에서 진로담당 교과목을 운영하는 교수자로 저는 여러 해 학생들을 만나고 있습니다. 진로를 탐색하고 진로를 설계하는데 가장 기초가 되는 질문이기도 합니다. 관심과 적성, 흥미에서부터 진로탐색과 설계가 이루어지기 때문입니다. "너의 강점 또는 장점이 무엇이라고 생각하니? "라고 물어보는 질문에 심지어는 "잘 모르겠어요. 아직 찾지 못했어요"라는 대답을 하는 학생들도 적지 않습니다.

    왜 나이를 먹을수록 질문에 선뜻 대답하기가 어려운 것일까요? 단순히 소극적인 성격이나 표현력 부족의 탓은 아닙니다. 성장하는 과정에서 자기를 객관적으로 인식하게 되고 사회적 관계들 속에서 자신을 비교하게 되기 때문입니다. 어릴 때는 성공경험이나 주변의 칭찬으로 자기의 강점을 발견하지만 성장해오면서 실패를 경험하게 되고 자신을 더욱 엄격한 잣대로 바라보기 때문에 쉽게 자신을 평가 내리기 어려워집니다. 특히, 한국 사회에서는 겸손을 미덕으로 여기는 문화가 깊이 자리 잡고 있어, 자신의 잘난 점을 드러내는 것이 자칫 겸손하지 못한 행동으로 비칠 수 있다는 인식이 자연스럽게 따라옵니다. 이러한 문화적 요인은 사람들이 자신의 장점에 대해 솔직하게 말하는 것을 망설이게 만들고, 대답을 주저하게 되는 주요 이유 중 하나로 작용합니다.

대학생들에게 강점을 물어볼 때 다수의 학생들은 뛰어난 능력이나 특별한 재능을 강점으로 여기는 경우가 많습니다. 진로교과목을 운영하는 교수자로서 저의 생각은 누구나 각자의 강점은 가지고 있다고 보며 다만 그것이 눈에 띄지 않거나 다른 형태와 방식으로 나타난다고 생각합니다. 남들과 다른 뛰어난 능력과 재능을 강점으로 여기는 것은 상당 부분 잘못된 해석이라고 할 수 있습니다. 이러한 해석은 부모가 아이를 이해하는데 방해요인으로 작용할 수 있습니다.

첫 번째 강점에 대한 오해로는 "강점은 타고난 재능이다"라고 여기는 것입니다. 학창시절 학생기록부상 특기, 적성을 물어보는 항목이 있습니다. 그 항목에는 주로 다루는 악기, 잘하는 운동 종목, 점수가 높은 교과목명을 적었던 기억이 있습니다. 강점을 특정한 재능으로 인식했기 때문입니다. 하지만 강점은 두드러진 성과와 재능으로 단순히 설명되지 않습니다. 강점이란 아이가 자주하는 행동패턴이나 에너지를 집중해서 쏟는 영역, 태도 등과 같이 보이지 않는 내적 요소도 포함하고 있습니다. 예를 들어, 친구들의 이야기를 잘 들어주는 아이가 있습니다. 그래서 많은 친구들이 고민이 있을 때 이

친구를 찾아가서 고민을 이야기하고 깊은 대화를 하곤 합니다. 이는 위에서 말한 잘 다루는 악기나 운동 종목만큼이나 매우 중요한 강점일 수 있습니다. 강점은 남들과 다르게 두드러지게 나타나는 재능일 필요가 없습니다. 생활 속에서 자연스럽게 나타나는 아이의 성향이 강점일 수 있습니다. 명사 초청 강의로 널리 알려진 김미경 강사도 비슷한 경험을 언급한 바 있습니다. 어릴 적을 회상하며, 그는 학교에서 돌아오면 아버지에게 학교에서 있었던 이야기를 들려주는 것을 무척 즐거워했다고 합니다. 그런 김미경 강사의 모습을 본 그의 아버지는 "너는 참 말을 재미있게 잘한다. 네가 하는 이야기는 생생하게 머릿속에 그려져서 정말 재미있어"라며 자주 칭찬해 주셨습니다. 김미경 강사는 이 같은 어린 시절의 경험이 자신감을 심어줬고, 오늘날 많은 사람들에게 최고의 강사로 인정받는 데 중요한 밑거름이 되었다고 말한 적이 있습니다.

두 번째 강점에 대한 오해로는 "약점을 극복하는 것이 강점을 개발하는 것보다 중요하다"라는 것입니다. 엄마들은 자녀 양육에서 아이의 약점을 보완하고 단점을 고쳐주기 위해 많은 노력을 기울입니다. 실제로 초등학생들 사이에서 줄넘기 과외가 유행했다는 뉴스가 보도된 적도 있습니다. 이러한 현상은 다른 아이들보다 특정 영역에서 뒤처지면, 아이가 스스로 위축되거나 자신감을 잃지 않을까 하는 부모들의 걱정에서 비롯됩니다. "우리 아이가 다른 아이들과 비교해 기죽지 않도록"이라는 염려가 부모로 하여금 아이의 약점을 보완하려는 다양한 시도를 하게 만드는 것입니다.

그러나 이러한 접근은 때로 부정적인 영향을 미칠 수 있습니다. 아이에게 부족한 점을 보완하려는 데 지나치게 초점을 맞추다 보면, 아이가 자신의 강점을 발견하거나 키우는 데 소홀해질 수 있기 때문입니다. 아이가 자신감을

2장 : 엄마의 행동을 기준으로 아이를 보고 있나요?

얻거나 자존감을 높이는 데 약점을 채우려는 방법은 한계가 있을 수 있습니다. 부모의 지나친 걱정과 과도한 개입이 오히려 아이에게 부담으로 작용할 가능성도 존재합니다.

따라서 아이가 자신의 약점을 보완하는 동시에, 강점을 발견하고 스스로를 긍정적으로 인식할 수 있도록 도와주는 균형 잡힌 양육이 중요합니다. 약점을 채우는 데 집중하기보다는, 아이가 잘하는 것을 인정하고 격려하는 과정에서 진정한 자신감과 자존감을 키울 수 있다는 점을 기억해야 합니다.

강점과 관련한 연구에 따르면, 아이의 강점에 집중하여 지원할 때 자신감과 성취도가 크게 향상된다고 합니다. 약점을 보완하는 노력은 아이의 낮은 수준의 재능을 평균 수준으로 끌어올리는 데 그칠 수 있습니다. 반면, 강점을 개발하는 것은 아이가 가진 잠재력을 최대한 발휘하게 만드는 효과적인 방법입니다. 강점에 집중하는 접근이 아이의 성장과 가능성을 더욱 풍부하게 열어줄 수 있다는 점에서 중요한 양육 전략으로 주목받고 있습니다.

예를 들어, 한 예능 프로그램에 축구선수 박지성이 출연한 적이 있습니다. 사회자는 박지성에게 맨체스터 유나이티드에 입단했을 때, 최고의 기량을 가진 선수들을 보며 열등감을 느끼지는 않았는지 물었습니다. 이에 박지성은 당시를 회상하며, 세계 최고 수준의 선수들 한 명 한 명의 재능에 놀라고 부러움을 느꼈다고 답했습니다. 처음에는 자신이 갖지 못한 재능에 대해 열등감을 느꼈지만, 곧 중요한 깨달음을 얻게 되었다고 했습니다.

사회자가 그 마음을 어떻게 극복했는지 묻자, 박지성은 자신의 감독이 자신을 맨유의 멤버로 받아들인 이유가 바로 그의 끈기와 뛰어난 심폐 능력이라는 것을 알게 되었다고 말했습니다. 그는 그때부터 자신이 부족한 점에 연연하기보다는, 자신이 가진 강점을 더욱 갈고닦는 데 집중하기로 결심했습니다. 박지성은 "내 강점을 발전시키는 것이야말로 경기에서 더 좋은 성과를 낼 수 있는 길"이라는 깨달음이 자신에게 큰 변화를 가져왔다고 설명했습니다.

세 번째 강점에 대한 오해로는 "보편적으로 인정하는 것이 강점이다"라는 점입니다. 방학 동안 진행되는 다양한 교육 프로그램, 예를 들어 리더십 캠프나 여름학기 집중 코스 등의 모집 광고를 쉽게 볼 수 있습니다. 리더십을 연구하는 분야에서는 여러 가지 리더십 유형을 제시하고 있습니다. 예를 들어, "나를 따르라"는 카리스마적 리더십, 구성원을 섬기는 서번트 리더십, 그리고 리더가 구성원에게 동기를 부여하고 영감을 주며 변화를 이끄는 변혁적 리더십 등 다양한 유형의 리더십이 있습니다. 그럼에도 불구하고, 리더십 캠프에서는 주로 리더 역할을 맡아 팀을 이끄는데 중점을 두고 훈련을 집중적으로 진행하고 있습니다. 리더가 가져야할 역량은 다양하지만 보편적으로 인정하는 강점을 중심으로 캠프 프로그램이 운영되고 있는 한계점을 지적하고 싶습니다. 상황에 따라 리더는 다른 면모를 갖추어야 하고 그때 발휘하는 강점은 아이마다 모두 다를 수 있습니다. 아이들이 가진 다양한 강점을 그 자체가 고유한 가치를 지니고 있습니다. 사회의 기준이나 부모의 기대 수준에 따라 강점으로 분류되기보다 아이가 가진 고유한 강점이 존중되고 계발되어야 합니다.

2

아이의 강점을 어떻게 찾는가?

모든 아이는 각각 서로 다른 강점을 지니고 있습니다. 이러한 강점을 발견하는 것은 쉬운 일이 아닐 수 있습니다. 눈에 드러나는 재능이나 성과물로 판단하기보다 얼마나 지속적으로 그 영역에 빠져드는지에 대한 부분을 고려해야 합니다. 즐거운 일을 할 때, 우리는 종종 그 일에 몰입하며 시간 가는 줄도 모르고 피로를 느끼지 못하는 경험을 하게 됩니다. 이런 순간은 일상에서 벗어나 즐거움과 만족감을 느낄 수 있는 특별한 순간이기도 합니다. 자신이 좋아하는 일을 할 때, 우리는 자연스럽게 에너지가 넘치고, 집중력이 향상되며, 그 활동 자체에서 기쁨을 느끼기 때문에 시간이 어떻게 흘렀는지도 모르고 몰입하게 되는 것입니다. 이러한 경험은 생활 속에서 다양하게 나타납니다. 취미나 여가활동에서의 몰입을 넘어 공부를 하거나 직무를 수행할 때도 몰입이 일어날 수 있습니다.

최근 엄마들에게 "아이가 어떤 삶을 살기를 원하세요?"라고 물어보면, 많은 엄마들이 "자신이 좋아하는 일을 하면서 행복한 삶을 살기를 원한다"고 답합니다. 아이가 좋아하는 일을 찾고 그 일에 몰입할 수 있도록 돕는 것이 중요한 이유는, 아이의 강점과 몰입은 밀접하게 연결되어 있으며, 몰입은 곧 행복과도 깊은 연관이 있기 때문입니다.

행복을 연구한 학자 칙센트미하이는, 가장 몰입할 수 있는 상태에서 진정한 만족과 행복을 느낀다고 말했습니다. 이는 우리가 무언가를 할 때 온전히 집중하고, 시간 가는 줄 모르고 몰두할 때 경험하는 행복이 진정한 행복이라는 뜻입니다. 따라서 아이가 어떤 활동에서 몰입하고 즐거움을 느끼는지를 알아내는 것은 그 자체로 아이의 행복한 삶과도 직결됩니다. 아이의 강점을 찾고 그것을 계발하는 것은, 아이가 자신의 재능과 잠재력을 발견하고 발전시키는 과정이므로, 장기적으로 아이의 행복에 큰 영향을 미칩니다.

이 과정에서 중요한 것은 엄마의 세심한 관심과 관찰입니다. 아이가 어떤 활동에 즐거움을 느끼고 자연스럽게 몰입하는지를 주의 깊게 살펴보는 것이 첫 번째 단계입니다. 예를 들어, 어떤 놀이를 할 때 시간이 가는 줄 모른다면, 그 활동이 아이에게 흥미롭고 몰입할 수 있는 영역일 가능성이 큽니다. 또한, 아이와의 깊은 대화를 통해 아이가 무엇을 좋아하는지, 어떤 활동에서 자신감을 느끼는지를 알아보는 것이 중요합니다.

이러한 대화를 통해 아이의 강점을 발견하고, 그 강점을 계발하는 방법을 찾는 것은 아이에게 큰 도움이 됩니다. 예를 들어, 아이가 춤을 추는 것을 좋아하고 몰입한다면, 그 활동을 지속적으로 지원하고 더욱 발전시킬 수 있도록 도와주는 것입니다. 그 과정에서 아이는 자아존중감을 느끼고, 자신이 잘하는 일을 통해 성취감을 경험하면서 행복한 삶을 살아갈 수 있게 됩니다.

결국, 아이의 강점을 발견하고 몰입을 경험할 수 있는 환경을 제공하는 것은 아이가 자신감을 얻고 행복을 느끼는 중요한 길이 됩니다. 그렇다면 아이의 강점을 어떻게 관찰하면 좋을까요?

① 일상 생활 속에서 아이의 행동을 관찰합니다.

아이의 강점은 특별한 상황에서 어떠한 계기로 발현되는 것은 아닙니다. 일상의 사소한 행동 속에서도 쉽게 찾아볼 수 있습니다. 레고를 조립하는 활동에 따라서 강점은 다르게 나타날 수 있습니다. 레고를 조립할 때 혼자하는 것보다 팀활동을 통해서 다른 아이들을 이끌거나 조립 과정을 주도하는 모습을 보일 수도 있습니다. 또 어떤 아이는 조립설명서와 다르게 창의적이고 독특한 방식으로 레고를 조합하며 만들어진 작품에 만족감을 느끼는 아이가 있습니다. 또 다른 아이는 조립 설명서 그대로 세부적이 부분을 신경 쓰며 완벽하게 맞춰서 조립하려고 노력하기도 합니다. 레고의 구성요소나 규격을 잘 이해하고 세부적인 디테일을 매우 중요하게 생각해서 조립과정에서 완벽하게 맞는지를 여러 차례 확인하는 아이들도 있습니다. 이처럼 아이가 집중하는 활동에서 어떤 특징이 있는지를 주목해 보세요. 이러한 행동은 아이가 강점이 발휘되는 중요한 단서가 됩니다.

② 강점을 발견할 다양한 경험의 기회를 주어라

강점을 발견하기 위해서는 아이가 다양한 환경과 활동을 경험할 기회를 가져야 합니다. 예를 들어, 활동적이고 에너지가 넘치는 아이를 둔 한 엄마가 있었습니다. 이 아이의 성향을 잘 알고 있었기에, 숲체험 수업에 참여시키기로 결정을 내렸습니다. 아이는 숲 속에서 뛰어놀며 다양한 곤충과 식물들을 발견하면서 매우 즐거워했고, 활발하게 활동하는 모습에 마음이 들떴습니다. 하지만 아이는 너무 활동적이다 보니 뛰어다니다가 넘어져 팔에 큰 상처를 입게 되었습니다. 이를 보고 엄마는 그 활동을 중단하고, 아이가 조용하게 실내에서 할 수 있는 독서 프로그램에 참여시키기로 마음먹었습니다. 아이는 그 선택에 대해 울고 불며 싫다고 표현했지만, 엄마는 침착함을 기르기 위해 그런 선택을 하게 되었다고 설명했습니다.

하지만 이러한 결정이 아이의 강점을 찾는 데 도움이 될까요? 사실 그렇지 않습니다. 아이의 강점은 단지 한 가지 활동이나 환경에서 드러나는 것이 아니며, 아이가 자신의 성향에 맞는 활동을 경험하고 그 속에서 자연스럽게 강점을 발견해 가는 과정이 필요합니다. 아이가 에너지가 넘치고 활동적인 성향이라면, 그것을 억제하기보다는 그 에너지를 긍정적인 방향으로 활용할 수 있는 기회를 제공해야 합니다.

숲체험처럼 아이가 자유롭게 뛰어놀 수 있는 활동은 그 아이의 강점을 잘 드러낼 수 있는 좋은 기회입니다. 물론, 넘어지거나 다치는 위험이 있을 수 있지만, 이를 통해 아이는 도전정신과 문제를 해결하는 능력, 자신감을 얻는 경험을 할 수 있습니다. 아이가 강점을 발견하기 위해서는 다양한 활동을 시도하며, 자신이 잘하는 부분을 자연스럽게 찾아가도록 도와주는 것이 중요합니다.

따라서, 아이가 싫어하는 활동이나 억제적인 환경에 몰아넣기보다는, 그 아이의 성향에 맞는 다양한 경험을 통해 스스로 강점을 발견할 수 있도록 도와주는 것이 더 바람직한 접근입니다. 아이가 활동적이고 에너지가 넘친다면 그 에너지를 발산할 수 있는 환경을 제공해주고, 그 속에서 자아를 발견할 수 있도록 지지하는 것이 중요합니다.

③ 아이와 열린 대화를 시도하라
경험하는지 파악할 수 있습니다. 이러한 대화를 통해 부모는 아이가 무엇에 열정을 느끼고, 어떤 상황에서 몰입하는지를 발견하는 중요한 단서를 얻게 됩니다.

반면, 평소에 아이와 충분한 대화를 나누지 않은 채 진로를 결정해야 하는 순간이 되어서야 부모가 생각하는 이상적인 직업이나 방향을 제시한다면, 아이가 이를 공감하거나 수용하기는 쉽지 않을 것입니다. 이는 아이가 자신의 내면을 충분히 탐구하지 못한 상태에서 외부의 기준에 맞춰 방향을 정해야 한다는 부담으로 작용할 수 있습니다.

일상에서의 사소한 대화는 단순히 시간을 보내는 것이 아니라, 아이의 내면을 이해하고 공감하는 중요한 수단이 됩니다. 부모가 아이와 꾸준히 소통하며 관심사를 탐구하고 아이의 생각에 귀를 기울인다면, 아이는 자신이 무엇을 좋아하고 잘할 수 있는지 스스로 깨닫는 데 큰 도움을 받을 수 있습니다.

④ 강점을 제한하지 말라

강점은 특별한 재능이나 능력뿐 아니라, 용기, 책임감, 유머 감각, 긍정적인 태도, 경청과 같은 다양한 형태로 나타날 수 있습니다. 부모는 사회적 기준에 따라 아이에게 특정 능력을 강요하기보다는, 아이가 가진 욕구와 재능을 열린 마음으로 이해하고 보살피는 것이 중요합니다. 한두 가지 강점만을 아이의 전부로 단정 짓기보다, 아이가 가진 다양한 강점을 발견하고 이를 활용하며 지속적으로 발전시킬 수 있도록 돕는 것이 부모의 역할입니다.

3

강점을 기반한 자녀양육 방법

아이의 강점을 발견하는 방법과 과정에 대해서 앞서 언급하였습니다. 아이가 평소 무엇을 좋아하는지 어떤 부분에서 몰입하는지 살펴보면 아이의 흥미와 아이의 강점을 발견할 수 있습니다. "어떤 활동이 제일 재밌었어?"와 같은 질문을 통해서 아이가 흥미를 느끼는 활동을 스스로 인식하도록 도와줄 수도 있습니다. 스포츠, 음악, 미술 등 다양한 활동을 경험하면서 자연스럽게 아이 스스로 자신의 강점을 찾아가도록 지원할 수 있습니다. 아이가 잘하는 것을 발견했을 때 구체적으로 칭찬할 때 아이는 스스로 강점을 인식하게 됩니다.

학창 시절, 우리는 모두 학교 활동에서 좋은 평가를 받거나 실망스러운 평가를 받은 경험이 있을 것입니다. 돌아보면, 좋은 평가를 받았을 때 부모님께 가장 많이 들었던 말은 "잘했어!", "정말 대단해, 자랑스럽다!"와 같은 칭찬이었을 것입니다. 반면, 형편없는 평가를 받았을 때는 "넌 어떻게 이 점수를 받았니?", "공부는 제대로 한 거야?", "놀면서 해도 이 정도는 하겠다", "너 앞으로 어떻게 살래?"와 같은 꾸중을 들었을 가능성이 큽니다.

이 두 상황을 비교해보면, 칭찬은 종종 추상적이고 간단하게 표현되는 반면, 비난과 꾸중은 구체적이고 상세하게 표현되는 경향이 있다는 것을 알 수 있습니다.

만약 아이가 이러한 상황에 자주 노출된다면, 자신감을 키우기보다는 부족함을 채우는 데만 집중하게 될 가능성이 높습니다. "내가 원하는 성적을 받자"는 목표보다, "엄마에게 혼나지 않을 정도의 성적을 받아야겠다"는 생각이 우선이 되는 것입니다. 이는 아이가 성장 과정에서 스스로 동기를 찾는 대신, 외부의 비난을 피하기 위해 행동하게 만드는 결과를 초래할 수 있습니다. 칭찬도 구체적으로 하고, 비난보다는 격려와 방향 제시를 통해 아이의 자존감을 키워주는 것이 중요합니다.

① 강점을 인정하고 구체적인 표현으로 칭찬하는 것이 좋습니다.

아이의 강점을 자주 언급하고 칭찬하면 아이는 자신을 긍정적으로 인식하고 자신감을 느낍니다. 칭찬은 "잘했어"와 같이 결과에 대한 평가보다는 과정에서 잘하는 점을 칭찬하는 것이 더 효과적입니다. "네가 말하면 모든 게 생생하게 머릿속에 그려져서 너무 재밌어"라고 말하면 아이는 자신의 가지고 있는 생생한 표현력에 자신감을 갖고 더욱 그 강점을 발전시키고자 노력할 것입니다.

② 강점을 생활 속에서 활용할 기회를 제공해라

아이의 강점을 개발하기 위해서는 강점이 발휘될 수 있는 충분한 환경을 만들어주어야 합니다. 아이가 평소 체력적으로 쉽게 지치지 않고 신체활동에 즐거움을 느낀다고 한다면 다양한 체육활동 프로그램을 경험할 기회를 주어야 합니다. 아이는 즐거움을 느끼는 활동을 통해서 자신이 가진 능력을 확인할 수 있고 더 높은 목표 설정을 할 수 있습니다.

③ 약점 속에 강점 발견하기

자녀를 양육하는 과정에서 엄마는 아이의 약점에 대해 관대하기 어려울 때가 있습니다. 상담 과정에서 "우리 아이는 수줍음을 많이 타는 편이에요","행동이 너무 느려요"와 같이 걱정스런 마음을 토로하는 경우가 많습니다. 약점을 다른 관점에서 해석하는 것부터 시작해야합니다. 예를 들어, 수줍음을 많이 타는 아이는 타인과의 관계에서 공감을 중요하게 여기는 편입니다. 공감하는 사이가 되어야 편안함을 느낄 수 있는 아이입니다. 단지 수줍음이 많아서 사람들과 잘 못 어울리지 못하는 것은 아닌지 걱정하기보단 다수의 인간관계보단 깊은 인간관계를 추구하는 아이로 생각하면 단점이 강점으로 전환할 수 있습니다. 이런 엄마의 사고를 아이와 자주 이야기한다면 아이가 자신의 약점을 잘못이라고 생각하지 않고 긍정적인 자아를 형성해 나가는데 도움을 줄 수 있습니다.

④ 실패에 대해 비난하기 않기

아이는 자신이 관심을 갖고 즐거움을 느낄 수 있는 일을 찾아가는 과정에서 실패를 경험할 수도 있습니다. 예를 들어, 많은 초등학교 저학년 남자아이들은 처음 코딩 수업을 접할 때 게임처럼 재미있다고 느낍니다. 단순한 명령어를 입력하면 캐릭터가 움직이고, 원하는 대로 결과가 나오면서 성취감을 맛볼 수 있기 때문입니다.

그러나 심화학습과정으로 넘어가면서 코드가 점점 복잡해지고 정교함이 요구되면, 일부 아이들은 흥미를 잃고 포기하는 경우가 많아집니다. 이는 초기 단계에서 자주 경험했던 작은 성공의 기쁨과 주변의 칭찬이 줄어들기 때문입니다. 더는 쉽게 성취감을 얻을 수 없다는 느낌이 들면, 도전보다는 포기를 선택하기 쉬워집니다.

이때, 엄마는 아이의 실수를 비난하거나 기대에 미치지 못한 것에 실망을 표현하기보다는, 실패의 과정에서 배울 수 있는 가치에 관해 이야기해 주는 것이 중요합니다.

실패를 피하는 것이 아니라, 실패 속에서도 새로운 배움을 발견할 수 있도록 돕는 것이 아이가 꾸준히 성장해 나가는 원동력이 됩니다.

⑤ 강점을 지속해서 개발하도록 지원하기

아이가 성장하는 과정에서 강점은 지속적으로 발전시킬 수 있는 역량입니다. 아이마다 강점이 나타나는 방식과 시기는 다를 수 있습니다. 어떤 아이는 강점이 일찍 발견되기도 하지만, 어떤 경우에는 쉽게 드러나지 않거나 천천히 발현되기도 합니다. 중요한 것은 강점을 조기에 발견하는 것보다, 지속적으로 개발하고 키워갈 수 있도록 지원하는 것입니다. 전 세계적으로 유명한 자케이카의 육상 단거리 선수 우샤인 볼트는 어린 시절에는 크리켓 선수가 되고 싶었으나 코치의 권유로 단거리 육상에 집중하면서 놀라운 성과를 거두기도 했습니다. 우리나라 선수 가운데도 관련 사례가 있습니다. 전 축구 선수 박지성은 어린 시절 체격이 작았기에 크게 주목받지 못한 선우였습니다. 꾸준한 노력과 끈기로 2002년 월드컵 국가대표에서 두각을 나타내고 세계 유명 축구단 맨체스터 유나이티드까지 진출하기도 했습니다.

⑥ 강점 중심의 대화를 통해 아이와의 유대감 형성하기

아이가 즐거움을 느끼고 지속해서 하고 싶어 하는 활동에 대해 자주 이야기하는 것은 부모와 자녀의 관계에 긍정적인 영향을 줍니다. 특히 청소년 남자아이를 둔 많은 부모는 "우리 아이가 게임에 미쳐 있어요"라며 걱정을 토로합니다. 하지만 무조건 게임을 하지 못하게 막기보다는, 아이가 게임을 통해 어떤 즐거움을 느끼는지 깊이 대화해 보는 것이 중요합니다.

게임은 단순한 오락이 아니라, 아이의 다양한 강점을 발견할 기회가 될 수 있습니다. 예를 들어, 전략 게임을 할 때 빠르게 상황을 분석하고 해결책을 찾는 능력이 뛰어날 수도 있고, 팀 게임에서는 협력과 리더십을 발휘할 수도 있습니다. 또한, 게임을 통해 끈기와 도전 정신을 기르는 아이들도 많습니다.

부모가 아이의 관심사를 존중하고, 게임 속에서 나타나는 강점을 함께 탐색해 준다면 아이는 자신의 흥미를 건강하게 발전시키는 방향으로 나아갈 가능성이 높아집니다. "네가 게임을 할 때 어떤 점이 재미있어?", "게임에서 가장 자신 있는 부분이 뭐야?" 같은 질문을 던지면서 아이의 생각을 듣고 공감하는 것이 중요합니다.

게임 자체를 문제로 보기보다는, 게임을 통해 아이가 무엇을 배우고 어떤 능력을 키울 수 있는지 긍정적인 시각으로 바라본다면 부모와 아이 사이의 관계도 더욱 돈독해질 것입니다.

워크시트

1. 자주 드러나는 아이의 특징으로 강점을 관찰해 보세요. 아래 질문에
   답하며 아이의 반복적인 행동과 특징을 기록해 보세요.

1) 아이가 자주 몰입하거나 즐겁게 참여하는 활동은 무엇인가요?

2) 아이가 반복적으로 잘하는 일이나 칭찬받는 행동은 무엇인가요?

3) 아이가 어려운 상황에서도 포기하지 않고 끝까지 해내는 모습이 보였던
   순간은 언제였나요?

2. 아이와 대화를 통해 강점 발견해 보세요. 아래 질문으로 대화를 나누며, 아이가 자신의 관심, 흥미, 강점을 스스로 알 수 있도록 도와주세요.

1) 네가 가장 재미있다고 느끼는 활동은 뭐야?

· 아이의 답변:

2) 어떤 일을 할 때 시간 가는 줄 모르고 집중하게 돼?

· 아이의 답변:

3) 친구들이 너에게 자주 부탁하거나 칭찬하는 건 뭐야?

· 아이의 답변:

4) 어려운 문제를 해결했을 때 가장 뿌듯했던 순간은 언제였어?

· 아이의 답변:

3. 아이의 대표 강점 3가지를 정리해 보세요.

· 강점 1:

· 강점 2:

· 강점 3:

강점이 드러나는 활동이나 상황을 정리해 보세요.

4. 아래 질문을 작성하며 아이의 강점 개발할 수 있는 방법을 찾아보세요.

1) 아이가 강점을 더 자주 발휘할 수 있도록 제공할 수 있는 활동이나 환경은
   무엇인가요?

2) 강점을 기반으로 아이가 자신감을 키울 수 있는 방법은 무엇인가요?

3) 아이의 강점을 활용해 가족이나 친구들과 함께할 수 있는 활동은 무엇인
   가요?

5. 강점개발을 위한 엄마의 지원활동 계획하기

1) 실천할 활동 계획

아래에 아이의 강점을 기반으로 실천할 활동을 적어보세요.

· 활동 1:

· 활동 2:

· 활동 3:

6. 강점 활용 후 아이의 변화를 살펴보세요. 아래 질문에 아이의 변화를 적어보세요.

1) 아이가 강점을 발휘하면서 어떤 변화를 보였나요?

2) 강점을 통해 아이가 성취한 성과나 경험은 무엇인가요?

🍀 엄마의 강점 기반 양육 체크리스트

- 나는 아이의 행동과 특징을 세심히 관찰했다. (   )

- 아이와 열린 대화를 통해 강점을 파악했다. (   )

- 아이가 강점을 활용할 수 있는 활동과 환경을 제공했다. (   )

- 강점을 기반으로 아이의 자신감을 키우고 있다. (   )

월트 디즈니(Walt Disney)

"위대한 꿈을 꾸어라.
그리고 그 꿈이 당신을 이끌게 하라."

4장

: 자녀 양육에서 강점 활용하기

1

장점과 강점의 차이 인식하기

새 학기가 되면 아이의 장점과 주의할 점을 미리 알려달라는 가정통신문을 받게됩니다. 이후 대학 진학이나 취업 과정에서도 장점과 단점을 적도록 되어있습니다. 이처럼 장점은 성장과정에서 교육자가 양육자가 알아아 하는 중요한 항목입니다. 이번 장에서는 장점과 강점을 구별하고 왜 자녀양육에 중요한지를 알아보도록 하겠습니다.

장점은 타고난 성향으로, 비교적 자연스럽게 드러나는 특징입니다. 반면, 강점은 이러한 장점을 바탕으로 꾸준한 노력과 경험을 통해 발전시켜 나가는 역량입니다. 예를 들어, 아이가 친절하고 사교적인 성향을 가지고 있는 것은 장점입니다. 하지만 이를 활용해 사람들과의 협상력과 리더십을 키운다면, 그것은 강점이 됩니다.

따라서 부모는 단순히 자녀의 장점을 확인하는 것에서 그치는 것이 아니라, 아이가 자신의 장점을 강점으로 발전시킬 수 있도록 적극적으로 지원하고 격려하는 것이 중요합니다. 장점만을 지나치게 강조하면 아이가 가진 무한한 가능성을 놓칠 수 있습니다. 강점을 찾고 개발하는 과정은 아이가 자신감을 갖고 자신의 지로를 주체적으로 설계하는데 도움을 줄 수 있습니다. 단순히 너는 "사교적인 아이야"라는 표현보다는 "너는 주변 사람들에게 동기를 잘 부여하고 잘 이끌어 갈 수 있는 능력이 뛰어난 아이야"라고 피드백하는 것이 중요합니다.

장점은 타고난 성향이며 상황에 따라 유용한 재능입니다. 장점은 특정 활동이나 환경에서 효과적으로 발휘되는 능력을 뜻합니다. 예를 들어, 어떤 아이가 뛰어난 발표 능력을 가지고 있다면, 이는 학교 발표나 그룹 토론과 같은 상황에서 두드러질 수 있습니다. 장점은 비교적 단기적으로 발현되고, 상황이나 환경이 달라지면 그 효용이 줄어들 가능성이 있습니다. 예를 들어, 운동에 소질이 있는 아이는 팀 스포츠에서 주목받을 수 있지만, 학문적 활동에서는 그 장점이 발휘되지 않을 수 있습니다. 장점은 특정 상황에서 유리하게 작용하지만, 지속적인 몰입이나 내재적 동기를 보장하지는 않습니다.

강점은 내면에서 지속적인 노력과 에너지를 끌어내는 힘입니다. 강점은 장점보다 더 깊은 차원에서 아이의 행동과 태도를 이끄는 본질적인 힘입니다. 강점은 단순히 잘하는 것을 넘어, 아이가 자연스럽게 끌리는 활동이나 과정에서 발휘됩니다. 예를 들어, 발표를 잘하는 아이의 강점이 "소통 능력"이라면, 이는 단순히 발표뿐만 아니라 다른 사람과 협력하거나 아이디어를 공유하는 다양한 상황에서 나타날 수 있습니다.

강점은 아이가 지속적으로 에너지를 얻고 몰입하는 과정에서 드러납니다. 한 아이가 글쓰기를 즐기며 시간 가는 줄 모르고 몰두한다면, 이는 단순한 장기를 넘어 강점으로 간주할 수 있습니다. 이처럼 강점은 아이가 특정 활동을 반복적으로 즐기고, 어려움 속에서도 성취감을 느끼게 만드는 원동력이 됩니다.

장점과 강점의 차이를 인식하는 중요성

부모가 장점과 강점의 차이를 명확히 이해하지 못하면, 아이의 잠재력을 제한할 위험이 있습니다. 예를 들어, 아이가 수학 성적이 뛰어나다고 해서 이를 강점으로 간주하고, 아이에게 수학 경시대회나 학업 관련 활동만을 강요한다면, 아이가 내재적으로 흥미를 느끼지 않는 상황에서 성취를 강요받게 됩니다. 이는 장점 활용의 한계를 드러내는 사례입니다.

반면, 아이의 강점이 논리적 사고나 문제 해결 능력이라면, 이는 수학 외에도 과학 실험, 퍼즐 게임, 심지어 창의적인 프로젝트에서도 발휘될 수 있습니다. 강점은 특정 분야에 국한되지 않고 다양한 상황에 적용될 수 있기 때문에, 부모는 강점을 중심으로 아이의 흥미와 성장을 지원해야 합니다.

장점과 강점의 상호작용

장점과 강점은 상호 보완적인 관계를 가질 수 있습니다. 강점은 아이가 특정 활동에서 장점을 발휘하도록 돕는 내면의 에너지원이 될 수 있습니다. 예를 들어, 창의성이 강점인 아이는 미술, 글쓰기, 심지어 문제 해결과 같은 다양한 상황에서 창의성을 활용하여 장점을 개발할 수 있습니다.

반대로, 장점은 강점을 확인하고 강화하는 도구가 될 수 있습니다. 부모는 아이가 장점을 발휘하는 과정을 관찰함으로써, 아이의 강점을 더 깊이 이해할 수 있습니다.

부모에게 필요한 양육태도

　장점은 변화할 수 있지만, 강점은 내재적인 특성을 가지고 있습니다.. 장점은 상황에 따라 다르게 나타날 수 있지만, 강점은 아이의 성격과 가치관을 형성하는 지속적인 힘입니다.

　장점은 기술이고 강점은 동기의 특성을 가지고 있습니다.. 장점은 학습과 훈련으로 개발할 수 있지만, 강점은 아이가 자연스럽게 끌리는 활동에서 드러납니다.

　강점은 장점의 기반이자 방향성의 특성을 가지고 있습니다. 강점은 장점이 유용하게 발휘될 수 있는 토대를 제공하며, 이를 통해 아이가 더욱 폭넓은 잠재력을 발휘할 수 있도록 돕습니다.

2

강점 중심 양육과 아이의 자존감의 관계

    자녀의 자존감은 아이의 정서적 안정, 대인관계, 학업 성취 등 모든 영역에서 중요한 역할을 합니다. 자존감이 높은 아이는 실패와 어려움 속에서도 스스로를 긍정적으로 바라보며 도전하는 힘을 가질 수 있습니다. 강점 중심 양육은 아이가 자신의 고유한 능력을 인식하고 이를 활용할 수 있도록 도와, 건강한 자존감을 형성하는 데 중요한 기초를 제공합니다.

    자존감 형성의 핵심은 자신에 대한 긍정적인 인식에서 시작합니다. 자존감은 아이가 자신의 가치를 어떻게 인식하느냐에 따라 형성됩니다. 그러나 많은 부모는 아이가 주변 사람들과 비교를 통해 자신을 정의하도록 유도하기도 합니다. 예를 들어, "다른 아이보다 공부를 잘해야 한다"는 기대는 아이가 자신의 가치를 외부 평가에 의존하게 만들 수 있습니다. 반면 강점 중심 양육은 아이 스스로가 자신의 가치를 발견하고 긍정적인 자아상을 형성하도록 돕습니다.

    강점 중심 양육에서는 아이가 잘하는 것을 칭찬하는 데 그치지 않고, 아이가 자신의 노력과 강점을 활용해 성과를 이루는 과정을 자랑스럽게 여기도록 돕습니다. 이는 아이가 자신의 능력을 신뢰하고, 외부의 평가보다는 자신의 기준에 따라 성취감을 느끼는 데 도움을 줍니다.

강점 중심 양육이 자존감에 미치는 긍정적 영향

강점 중심 양육은 내면적 가치를 인식하게 합니다. 강점 중심 양육은 아이가 자신의 고유한 능력과 강점을 이해하도록 돕습니다. 이 과정에서 아이는 단순히 "잘한다"는 평가를 넘어, "나는 이런 점에서 특별하다"는 내면적 인식을 형성하게 됩니다.

예를 들어, 아이가 창의적인 문제 해결 능력을 가졌다면, 부모는 이를 구체적으로 언급하며 강화할 수 있습니다. "네가 이 문제를 해결하기 위해 색다른 방법을 생각해낸 점이 정말 대단하구나"라는 칭찬은 아이가 자신의 강점을 더욱 소중히 여기게 만듭니다.

강점 중심 양육은 실패와 도전을 긍정적으로 받아들이게 합니다.

자존감은 성공뿐 아니라 실패와 어려움을 대처하는 능력에도 영향을 받습니다. 강점 중심 양육은 아이가 실패를 자신의 약점이나 부족함으로 여기지 않고, 강점을 활용해 다시 도전할 기회로 받아들이도록 합니다.

예를 들어, 한 아이가 피아노 콩쿨에서 떨어졌다고 할 때, 부모는 "이번 콩쿨에서 결과는 아쉬웠지만, 네가 연주할 때 감정을 잘 표현한 점이 정말 인상적이었어. 다음에는 이 감정을 더 잘 살릴 수 있을 거야"라고 말하며 아이를 격려할 수 있습니다. 이는 실패 속에서도 자신의 강점을 인식하고, 긍정적인 태도를 유지하도록 도와줍니다.

강점 중심 양육은 외부 평가 대신 자기 주도성을 강화합니다. 아이들은 외부의 평가에 민감하게 반응하며, 자칫 자신의 가치를 다른 사람의 인정에 의존할 수 있습니다. 강점 중심 양육은 아이가 외부의 인정에 의존하지 않고, 스스로 목표를 설정하고 성취하는 경험을 통해 자기 주도성을 기를 수 있도록 돕습니다.

1) 강점 중심 양육의 실천 방안

강점을 기반으로 현실적인 목표 설정하기

강점 중심 양육에서는 아이가 스스로 성취할 수 있는 현실적인 목표를 설정하도록 돕는 것이 중요합니다. 목표가 지나치게 높거나 애매하면 실패의 경험이 자존감을 손상시킬 수 있습니다. 예를 들어, 아이가 협력적이라면 팀 활동에서 작은 역할을 맡는 것부터 시작하도록 하고, 점차 더 큰 책임을 맡도록 격려할 수 있습니다.

노력을 강점과 연결하기

아이의 성취를 칭찬할 때 단순히 결과를 칭찬하기보다는 강점과 노력을 연결하여 언급하세요. 예를 들어, "네가 이 글을 쓸 때 논리적으로 구성하려고 노력한 점이 정말 대단해"라는 말은 아이가 강점을 더 깊이 이해하고, 자신의 노력에 자부심을 느끼게 만듭니다.

강점 활용의 긍정적인 경험 제공하기

아이에게 강점을 활용할 수 있는 환경과 기회를 자주 제공하세요. 강점이 발휘되는 경험을 통해 아이는 자신의 능력을 신뢰하고, 이를 통해 자존감이 자연스럽게 높아지게 됩니다. 예를 들어, 공감 능력이 뛰어난 아이는 봉사활동에 참여해 사람들을 도우며 자신의 가치를 느낄 수 있습니다.

강점 중심 양육이 만드는 자존감의 힘

강점 중심 양육은 아이가 자신의 고유한 가치를 발견하고, 그 가치를 발전시켜 세상에 긍정적인 영향을 미치는 사람이 되도록 돕습니다. 이 과정에서 아이는 자신의 강점이 약점보다 더 큰 힘을 가지고 있으며, 실패조차 성장의 일부임을 배우게 됩니다.

강점 중심 양육을 실천하는 부모는 아이가 자신을 긍정적으로 바라보고, 내면적으로 강인한 자아를 형성하도록 돕는 가장 든든한 조력자가 됩니다. 이로써 아이는 어려움 속에서도 흔들리지 않는 자존감과 자기 신뢰를 바탕으로 더 큰 목표를 향해 나아갈 수 있습니다.

3

강점을 활용한 자녀의 진로 탐색

자녀가 자신의 진로를 탐색하는 과정은 단순히 직업을 선택하는 것을 넘어, 자신의 강점과 흥미를 기반으로 삶의 방향을 설정하는 중요한 과정입니다. 강점을 활용한 진로 탐색은 아이가 자신의 고유한 능력을 인식하고, 이를 통해 의미 있는 삶을 설계할 수 있도록 돕는 효과적인 접근 방식입니다. 이는 단순히 "잘하는 것"을 넘어, "내가 진정으로 즐기고 지속할 수 있는 것"을 발견하도록 도와줍니다.

1) 진로 탐색의 출발점: 강점 이해하기

아이의 진로를 설계하는 첫 단계는 아이가 자신의 강점을 정확히 이해하는 것입니다. 강점은 특정 상황에서만 발휘되는 장점과 달리, 다양한 환경에서 지속적으로 에너지를 이끌어내고 만족감을 주는 원동력입니다. 진로 탐색 과정에서 강점은 아이가 어떤 활동에서 자연스럽게 몰입하고 성취감을 느끼는지 확인하는 중요한 단서가 됩니다.

강점 탐색을 위한 질문

- 어떤 활동을 할 때 시간 가는 줄 모르고 집중하게 되는가?
- 어려운 과제를 해결할 때도 계속 도전하게 만드는 이유는 무엇인가?
- 친구나 선생님에게 자주 듣는 칭찬은 어떤 내용인가?

이 질문에 대한 답은 아이가 진정으로 즐기고 잘할 수 있는 활동의 힌트를 제공합니다. 예를 들어, 창의적으로 문제를 해결하는 것을 즐긴다면, 연구 개발, 디자인, 또는 콘텐츠 제작 분야가 적합할 수 있습니다.

2) 다양한 경험을 통해 강점을 진로와 연결하기

강점 중심의 진로 탐색은 이론적인 이해를 넘어 실질적인 경험이 필요합니다. 부모는 아이가 다양한 활동과 경험을 통해 강점을 진로와 연결할 기회를 제공해야 합니다. 예를 들어, 공감 능력이 뛰어난 아이는 봉사활동이나 멘토링 프로그램에 참여하여, 다른 사람을 돕는 활동이 자신에게 얼마나 적합한지 확인할 수 있습니다.

3) 강점을 활용한 진로 목표 설정하기

강점 중심 진로 탐색에서는 진로 목표를 단순히 결과로만 설정하지 않고, 과정을 중시해야 합니다. 진로 목표는 강점과 흥미를 기반으로 설정되며, 아이가 즐기면서도 성취감을 느낄 수 있는 방향으로 설계되어야 합니다.

4) 강점 중심 진로 탐색의 장점

강점 중심으로 진로를 탐색한 아이는 자신이 잘하는 일과 즐기는 일을 통합할 수 있어, 더 높은 동기와 성취감을 경험합니다. 또한 자신의 강점을 통해 어려움을 극복하는 경험은 아이가 진로를 선택하고 지속하는 데 필요한 자신감과 끈기를 키우는 데 도움을 줍니다.

강점을 중심으로 한 진로 탐색은 아이가 단순히 "좋은 직업"을 찾는 데서 그치지 않고, "자신에게 의미 있고 만족스러운 삶"을 설계하도록 돕는 가장 효과적인 방법입니다.

워크시트

　10-10-10 법칙은 10분 후, 10개월 후, 10년 후를 기준으로 결정을 평가하며 장기적 관점에서 목표를 설정하고 실행하도록 돕는 의사결정 방법입니다. 이 워크시트는 엄마가 자녀 양육에서 더 효과적인 목표를 설정하고 실행할 수 있도록 구성되었습니다.

1. 현재 상황과 고민 파악하기

1) 양육 목표를 설정하기 위해 현재 상황과 고민을 명확히 정리하세요.

2) 현재 자녀 양육에서 가장 큰 고민은 무엇인가요?

3) 아이의 성격, 강점, 약점 중에서 가장 주목해야 할 점은 무엇인가요?

4) 아이와의 관계에서 더 나아지거나 변화가 필요한 부분은 무엇인가요?

2. 10-10-10 적용하기

질문 1: 이 결정이 10분 후에 어떤 영향을 미칠까요?
어떤 양육 방식을 선택하거나 행동했을 때, 10분 후 아이와의 상황이나 분위기가 어떻게 변할지 상상해보세요.

· 결정 또는 목표:

· 10분 후 아이와의 반응 또는 상황 변화:

질문 2: 이 결정이 10개월 후에 어떤 영향을 미칠까요?
이 양육 목표를 지속했을 때 10개월 후 자녀의 행동, 관계, 성장이 어떻게 변화할지 예상해보세요.

· 10개월 후 예상되는 아이의 변화:

· 아이와의 관계에서 생길 긍정적 변화:

질문 3: 이 결정이 10년 후에 어떤 영향을 미칠까요?

이 목표를 꾸준히 실천했을 때 10년 후 자녀가 어떤 사람으로 성장할지 상상
해보세요.

· 10년 후 예상되는 자녀의 모습:

· 이 목표가 자녀의 삶에 어떤 영향을 줄까요?

3. 구체적인 양육 목표 설정하기

1) 장기 목표 (10년 후)

· 자녀가 10년 후 어떤 모습으로 성장하기를 원하나요?

· 이를 위해 내가 부모로서 해야 할 가장 중요한 역할은 무엇인가요?

2) 중기 목표 (10개월 후)

10개월 동안 아이에게 어떤 습관, 태도, 성장을 유도하고 싶나요?

중기 목표를 달성하기 위해 일상에서 실천할 세 가지 행동은 무엇인가요?

· 행동 1:

· 행동 2:

· 행동 3:

3) 단기 목표 (10분~10일 후)

· 지금 당장 내가 아이를 위해 실행할 수 있는 작은 변화는 무엇인가요?

· 이 변화를 실행하면 아이와의 관계나 아이의 행동이 어떻게 달라질 것 같나요?

5. 목표 실행 후 점검하기

1) 목표를 실행한 후, 아이의 행동이나 관계에서 어떤 변화가 있었나요?

2) 내가 실행한 방법 중 효과적이었던 것은 무엇인가요?

3) 목표 실행 중 예상치 못한 어려움은 무엇이었나요?

4) 다음에는 어떤 부분을 보완하거나 개선하고 싶나요?

◆ 10-10-10 법칙으로 더 나은 양육 실천하기

10-10-10 법칙은 순간의 선택을 장기적인 시각에서 평가하며 부모로서 아이의 성장에 긍정적인 영향을 주는 의사결정을 내리도록 돕습니다. 이 워크시트를 꾸준히 활용하며 자녀 양육의 방향을 설정하고, 더욱 만족스러운 결과를 만들어보세요!

오프라 윈프리
"자신의 강점을 발견하고 그것을 갈고닦아라.
그러면 당신만이 할 수 있는 일을 하게 될 것이다."

5장

: 이해와 인정으로 함께 성장하기

1

엄마와 자녀가 함께 성장하는 과정

자녀 양육은 엄마가 아이를 돌보는 일방적인 과정이 아닙니다. 엄마와 자녀는 서로에게 영향을 주며, 함께 배우고 성장하는 관계를 형성합니다. 이 과정은 단순히 아이를 지도하거나 가르치는 것을 넘어, 아이를 통해 엄마 역시 새로운 통찰과 변화를 경험하며 더 나은 부모이자 인간으로 성장하는 여정이 됩니다.

아이의 성장을 바라보는 새로운 시각

엄마와 자녀가 함께 성장하기 위해서는 아이의 성장을 결과 중심으로 바라보는 관점을 넘어, 그 과정을 소중히 여기는 태도가 필요합니다. 예를 들어, 아이가 어떤 목표를 이루지 못했더라도 그 과정에서 배운 점과 노력을 인정하는 것이 중요합니다. 엄마가 아이의 도전을 지지하고 그 의미를 함께 나눌 때, 아이는 스스로를 긍정적으로 바라보게 되고, 엄마 역시 아이를 통해 새로운 배움을 얻습니다.

엄마의 역할: 성장의 조력자이자 동반자

자녀와 함께 성장하려면 엄마는 단순히 가르치고 감독하는 역할을 넘어 아이의 동반자로서 함께 성장해야 합니다. 아이가 스스로 답을 찾을 수 있도록 질문을 던지고, 아이의 선택을 존중하며 필요할 때 조언하는 조력자의 자세가 필요합니다.

엄마가 동반자로 성장하는 방법

아이의 감정을 이해하고 공감하기

아이가 느끼는 감정을 있는 그대로 인정하고, 이를 통해 아이가 자신을 표현할 수 있는 안전한 공간을 만들어주세요. 예를 들어, 아이가 실패로 인해 좌절할 때 "네가 많이 속상했겠다. 그래도 최선을 다한 네가 정말 대단해"라고 말하며 감정을 이해하는 것이 중요합니다.

엄마 자신을 돌아보는 시간 가지기

자녀를 양육하는 과정에서 엄마 역시 자신의 강점과 약점을 돌아보고, 더나은 부모가 되기 위한 노력을 기울여야 합니다. 예를 들어, "나는 아이에게 너무 높은 기대를 강요하지 않았나?"와 같은 질문을 스스로에게 던지며 자기 성찰의 기회를 만들어 보세요.

아이와 함께 새로운 경험 시도하기

아이와 함께 새로운 활동이나 도전을 시도하며, 엄마와 자녀 모두 성장할 기회를 만들어보세요. 예를 들어, 함께 책을 읽고 토론하거나, 새로운 취미를 함께 시작하는 것은 서로의 시야를 넓히고 관계를 강화하는 데 도움이 됩니다.

엄마와 자녀의 성장 과정에서 겪는 도전과 극복

함께 성장하는 과정에서 엄마와 자녀는 여러 도전에 직면합니다. 엄마가 아이를 이해하지 못하거나, 아이가 엄마의 기대에 부응하지 못할 때 갈등이 생길 수 있습니다. 하지만 이러한 도전은 서로를 더 깊이 이해할 기회가 될 수 있습니다.

갈등 상황에서 성장으로 전환하는 방법

서로의 차이를 존중하기

엄마와 자녀가 서로의 관점과 차이를 이해하고 존중하는 것이 중요합니다. 아이가 엄마의 기대와 다르게 행동하더라도, 이를 존중하며 아이의 고유한 성향을 인정하세요.

서로의 목소리에 귀 기울이기

갈등 상황에서 엄마와 자녀가 서로의 생각과 감정을 솔직히 표현하고 이를 경청하는 시간을 가져보세요. 예를 들어, "네 생각은 어떠니? 엄마는 이렇게 느꼈는데"와 같은 대화는 서로를 이해하는 데 도움이 됩니다.

실수를 성장의 기회로 삼기

엄마와 자녀 모두 완벽할 필요는 없습니다. 실수는 새로운 배움을 얻을 기회입니다. 엄마가 자신의 실수를 인정하고 아이에게도 실수를 허용할 때, 아이는 실패를 두려워하지 않고 성장할 수 있는 환경을 경험하게 됩니다.

성장 과정의 열매: 변화하는 엄마와 자녀의 관계

엄마와 자녀가 함께 성장하는 과정은 서로에 대한 신뢰와 이해를 깊게 하고, 관계의 질을 더욱 풍요롭게 만듭니다. 엄마는 아이를 통해 더 깊은 감정적 유대감을 배우고, 아이는 엄마를 통해 자신의 가치를 발견합니다. 이러한 상호작용은 아이가 독립적인 성인으로 성장할 수 있는 기반이 되고, 엄마에게도 삶의 또 다른 의미와 성취감을 제공합니다.

결론: 엄마와 자녀의 동반 성장

엄마와 자녀가 함께 성장한다는 것은 서로를 이해하고 존중하며, 함께 도전과 변화를 받아들이는 과정을 의미합니다. 이 여정에서 엄마는 자녀의 성장을 돕는 조력자가 되는 동시에, 스스로도 끊임없이 배우고 성장하는 사람이 됩니다. 엄마와 자녀가 함께 걸어가는 이 과정은 단순히 양육을 넘어, 삶을 풍요롭게 만드는 가장 소중한 경험이 될 것입니다.

2

소통을 통해 함께 성장하기

부모와 자녀의 관계에서 소통은 단순히 정보를 교환하는 것을 넘어, 서로를 이해하고 연결하며 성장으로 나아가는 다리 역할을 합니다. 소통은 부모가 아이의 생각과 감정을 깊이 이해하도록 돕고, 아이가 스스로의 가치를 발견하며 자신감을 키우게 합니다. 진정한 소통은 부모와 자녀 모두에게 성장을 가져오는 중요한 도구입니다.

소통이 함께 성장을 이끄는 이유

서로의 세계를 이해하는 창구

소통은 부모와 자녀가 서로의 관점을 이해하도록 돕습니다. 부모는 소통을 통해 아이가 무엇을 느끼고 생각하는지 알 수 있고, 아이는 부모가 자신의 말을 경청하고 있음을 느끼며 안정감을 얻습니다. 예를 들어, 부모가 "네가 오늘 힘들었던 점은 뭐야?"라고 물어보는 것은 단순한 대화 이상으로, 아이에게 자신의 이야기가 존중받고 있다고 느끼게 합니다.

문제를 해결하는 도구

소통은 갈등이나 오해를 해결하는 열쇠입니다. 부모와 자녀가 열린 대화를 통해 서로의 입장을 조율할 때, 갈등은 성장을 위한 기회로 전환됩니다. 문제를 회피하지 않고 함께 대화를 나누는 과정에서 부모와 자녀는 더 강한 유대감을 형성할 수 있습니다.

자기 표현과 감정 조절을 배우는 기회

소통은 아이가 자신의 감정을 건강하게 표현하고 조절하는 방법을 배우는 데 중요한 역할을 합니다. 부모가 아이의 감정을 경청하고 공감할 때, 아이는 자신의 감정을 이해하고 다루는 방법을 익히게 됩니다.

성장으로 이어지는 소통의 방법

공감적 경청

공감적 경청은 소통의 핵심입니다. 단순히 아이의 말을 듣는 것이 아니라, 아이가 느끼는 감정을 이해하고 그것을 반영하는 것이 중요합니다.

예:

아이: "오늘 친구랑 다퉜어."

부모: "많이 속상했겠다. 어떤 일이 있었는지 말해줄래?"

이처럼 부모가 아이의 감정에 초점을 맞추고 적극적으로 반응할 때, 아이는 자신의 감정을 더욱 명확히 이해하고 표현할 수 있습니다.

질문으로 대화 확장하기

아이의 말을 단순히 듣고 끝내지 말고, 열린 질문을 통해 대화를 확장해 보세요. 열린 질문은 아이가 더 깊이 생각하고 자신의 생각을 표현하도록 도와줍니다.

닫힌 질문: "학교는 어땠니?" (네/아니오로 답 가능)

열린 질문: "오늘 학교에서 가장 재미있었던 일은 뭐였어?"

비난 대신 긍정적인 언어 사용

소통 과정에서 비난이나 명령조의 말은 아이를 위축시킬 수 있습니다. 대신 긍정적이고 협력적인 언어를 사용하는 것이 중요합니다.

> 비난적 언어: "왜 그렇게 했니? 제대로 좀 해봐!"

> 긍정적 언어: "이 상황에서 네가 느낀 점을 말해줄래? 그럼 우리가 함께 방법을 찾아보자."

감정 표현의 본보기 되기

부모가 자신의 감정을 솔직히 표현하면, 아이도 자신의 감정을 표현하는데 익숙해집니다.

> 예: "오늘 엄마도 조금 힘든 일이 있었어. 네 이야기를 들어보면 더 기분이 나아질 것 같아."

이처럼 부모가 자신의 감정을 자연스럽게 드러낼 때, 아이도 자신의 감정을 숨기지 않고 표현할 수 있습니다.

소통을 통해 얻는 변화

신뢰와 유대감 강화

소통이 원활할 때 부모와 자녀 사이의 신뢰가 깊어지고, 더 강한 유대감이 형성됩니다. 부모는 아이가 자신을 믿고 의지하도록 돕고, 아이는 부모에게 솔직히 다가갈 수 있는 안전한 공간을 경험합니다.

자율성과 책임감 형성

소통은 아이가 스스로 문제를 해결하고 선택을 할 수 있는 자율성을 키워줍니다. 부모가 아이와 함께 대화를 나누며 의사결정 과정을 존중할 때, 아이는 책임감을 배우고 자신의 선택에 대한 결과를 받아들이는 법을 익히게 됩니다.

정서적 안정과 자신감 상승

소통 과정에서 부모의 공감과 지지를 받은 아이는 정서적으로 안정감을 느끼고, 자신에 대한 긍정적인 이미지를 형성합니다. 이는 아이가 외부의 평가나 압력에도 흔들리지 않는 자신감을 갖도록 돕습니다.

소통을 성장으로 연결하기 위한 실천 팁

일상의 대화 시간 확보하기

바쁜 일상 속에서도 아이와의 대화를 위해 시간을 정기적으로 확보하세요. 하루 10분이라도 아이와 차분히 이야기 나누는 시간이 중요합니다.

소통을 놀이로 연결하기

아이와 함께 보드게임, 산책, 독서 등 소통을 자연스럽게 유도하는 활동을 해보세요. 놀이 속에서 이루어지는 대화는 아이에게 부담이 적고 즐거운 경험으로 남습니다.

비언어적 소통 활용하기

말뿐만 아니라 눈 맞춤, 미소, 어깨를 다독이는 행동과 같은 비언어적 표현도 아이에게 큰 안정감을 줄 수 있습니다.

결론: 소통으로 성장의 길 열기

부모와 자녀 간의 소통은 서로를 이해하고 연결하며 함께 성장하는 중요한 도구입니다. 진정성 있는 대화와 공감은 부모와 아이 모두가 새로운 관점과 변화를 경험하는 계기가 됩니다. 소통을 통해 아이는 자신의 감정을 건강하게 표현하고, 부모는 아이를 더 깊이 이해하며, 이 과정에서 두 사람 모두 더 성숙한 관계를 형성할 수 있습니다. 소통은 함께 성장하는 가장 강력한 힘입니다.

3

강점을 기반한 엄마와 자녀의 생애설계

인생에서 무엇이 중요할까요? 목적을 갖고 주도적으로 살아가는 것, 자신의 길을 발견하고 그 길을 꾸준히 걸어가는 것, 그리고 그 과정에서 끊임없이 성장하는 것이 중요합니다. 이는 엄마와 자녀에게도 동일하게 적용되는 진리입니다. 자녀를 양육하는 데 있어 중요한 점은 자녀의 강점을 발견하고 그것을 어떻게 발전시킬지에 대해 고민하는 것입니다. 뿐만 아니라, 엄마가 자신을 돌아보고 자신의 강점을 인식하고 발전시키는 과정은 자녀에게 좋은 영향을 미칠 뿐만 아니라, 엄마와 자녀의 관계를 더욱 깊고 의미 있게 만들어줍니다. 이번 글에서는 엄마와 자녀가 강점을 기반으로 한 생애설계를 어떻게 할 수 있을지에 대해 논의하고자 합니다. 이를 통해 강점을 이해하고 활용하는 방법을 제시하며, 부모와 자녀가 서로 성장하고 발전할 수 있는 방법에 대해 살펴보겠습니다.

1) 강점 기반의 생애설계의 중요성

강점 기반 생애설계란, 개인이 가지고 있는 타고난 강점을 인식하고 이를 바탕으로 자신의 인생을 설계하는 과정입니다. 이를 통해 우리는 자신이 할 수 있는 일을 더욱 잘 이해하고, 어떻게 자신의 능력을 발전시킬지 고민하며,

지속적인 성장을 이루는 방향으로 나아갈 수 있습니다.

강점은 단순히 긍정적인 특성이나 성향을 넘어, 능력과 역량을 의미합니다. 예를 들어, 어떤 아이가 타고난 사교적인 성향을 가졌다면, 그것이 바로 강점의 일부입니다. 그런데 이 강점은 그저 사교적인 성향에 그치지 않고, 이 성향을 바탕으로 사람들과의 관계에서 좋은 리더십을 발휘하거나, 어려운 상황에서도 사람들을 이끌어가는 능력으로 발전할 수 있습니다.

강점 기반 생애설계는 이런 강점을 잘 발견하고, 이를 더욱 발전시켜 자기 자신에게 유리한 길을 걸어갈 수 있도록 돕는 과정입니다. 이는 자녀 양육에서 뿐만 아니라, 엄마와 같은 부모도 적극적으로 실천해야 하는 과정입니다.

2) 양육자로서 엄마의 강점 개발

엄마는 자녀의 첫 번째 멘토이자 중요한 삶의 모델입니다. 그렇기 때문에 엄마가 자신의 강점을 잘 인식하고 개발하는 것은 자녀에게 큰 영향을 미칩니다. 엄마가 강점을 개발하는 과정은 자아 존중감을 높이고 자신감을 가지는 데 중요한 역할을 하며, 이는 곧 자녀와의 관계에 긍정적인 영향을 미칩니다.

엄마가 자신의 강점을 제대로 인식하고 발전시키면, 자녀에게도 이를 자연스럽게 전파할 수 있습니다. 예를 들어, 엄마가 문제를 해결하는 능력이 뛰어난 사람이라면, 자녀가 어려운 상황에 처했을 때 엄마의 해결책을 통해 문제를 풀어나갈 수 있을 것입니다. 엄마가 어려운 상황에서도 긍정적인 태도를 유지하고 어려움을 해결하는 모습을 보여주는 것은 자녀에게 큰 본보기가 됩니다.

또한, 엄마는 자신의 직업적 강점을 개발하는 것도 중요한데, 이는 자녀에게 직업적 롤 모델이 될 수 있습니다. 엄마가 일과 가정을 병행하며 경력을 쌓아가는 모습을 통해 자녀는 자기 자신의 미래에 대한 목표와 꿈을 설계할 수 있습니다.

3) 강점 기반 자녀 양육

엄마와 자녀의 강점 기반 생애설계에서 중요한 점은 자녀의 타고난 강점을 찾아내고, 그것을 어떻게 발전시킬 것인지에 대해 고민하는 것입니다. 자녀는 부모가 자신의 강점을 어떻게 이해하고 지원하는지에 따라 그들의 가능성을 키워나갈 수 있습니다. 부모가 자녀의 강점을 발견하고 그 강점을 자신의 목표와 연결시킬 수 있도록 돕는 것은 매우 중요합니다.

아이에게는 여러 가지 특성이 있을 수 있습니다. 어떤 아이는 호기심이 많고 탐구적인 성향을 보일 수 있고, 어떤 아이는 창의력이나 문제 해결 능력이 뛰어난 경우도 있습니다. 이 강점들은 단순히 특성이 아니라, 능력으로 발전할 수 있는 가능성을 가지고 있습니다.

부모는 자녀가 자신의 강점을 발견하고, 그 강점을 어떻게 발전시킬 수 있을지에 대한 구체적인 지원과 격려를 아끼지 않아야 합니다. 예를 들어, 자녀가 예술적인 능력이 뛰어나거나 리더십을 발휘하는 경향이 있다면, 이를 자유롭게 표현할 수 있는 기회를 제공하고, 학습이나 경험을 통해 강점을 발전시킬 수 있도록 돕는 것이 필요합니다.

4) 엄마와 자녀의 강점 기반 생애설계와 관계의 중요성

엄마와 자녀는 서로에게 큰 영향을 미치며, 이 관계에서 강점 기반의 생애설계가 잘 이루어진다면, 자녀는 더 자신감 있게 자신의 길을 걸어갈 수 있습니다. 부모와 자녀 간의 관계는 단순히 사랑과 보호를 넘어서, 서로의 강점을 인정하고, 그것을 함께 발전시키는 관계로 확장됩니다.

부모는 자녀에게 강점을 발견하고 그것을 어떻게 활용할지에 대한 피드백을 줄 수 있습니다. 예를 들어, 자녀가 책임감이 뛰어난 성향을 보일 때, 부모는 그 아이에게 리더십 역할을 맡기거나 조직적인 업무를 맡기면서 그 능력을 더욱 발전시킬 수 있습니다. 또한, 자녀가 문제를 해결하는 과정에서 창의적인 방법을 사용했다면, 그 창의성을 더욱 키울 수 있는 기회를 제공하는 것이 중요합니다.

이 과정에서 부모는 자녀에게 강점을 기반으로 긍정적인 피드백을 제공하며, 실패와 어려움 속에서도 자신의 강점을 찾고 발전시킬 수 있도록 돕는 역할을 합니다. 부모와 자녀가 함께 성장하는 과정에서, 서로의 강점이 어떻게 시너지 효과를 낼 수 있는지를 경험할 수 있습니다.

5) 강점 기반 생애설계의 가치

엄마와 자녀가 함께 강점 기반의 생애설계를 한다면, 각자의 강점을 발전시키며 살아가는 데 큰 도움이 됩니다. 강점 기반 생애설계는 자녀가 자신의 가능성을 발견하고, 이를 성장의 원동력으로 삼을 수 있도록 도와줍니다. 또한, 엄마는 자신이 가진 강점을 통해 자녀에게 중요한 가치관과 삶의 목표를 제시할 수 있으며, 자녀의 강점을 발견하는 과정에서 더욱 강력한 유대감을 형성할 수 있습니다.

강점 기반 생애설계는 단순히 자녀의 능력을 키우는 것을 넘어서, 부모와 자녀 모두가 함께 성장하는 과정입니다. 이를 통해 부모는 자녀에게 자기 자신을 발견하고, 미래를 설계하는 데 있어 가장 중요한 것을 가르쳐줄 수 있습니다.

워크시트

　이 워크시트는 양육자인 엄마의 강점을 발견하고, 그것을 기반으로 생애 설계를 할 수 있도록 돕는 도구입니다. 이 과정을 통해 엄마는 자녀의 강점을 지지하며 관계를 더욱 강화할 수 있습니다. 아래의 항목들을 함께 고민하고 작성해보세요.

1. 양육자인 엄마의 강점 발견하기

1) 나의 강점은 무엇인가요? (예: 리더십, 문제 해결 능력, 창의성, 사교성, 분석력 등)

2) 내가 타인에게 도움을 줄 때 가장 잘하는 것은 무엇인가요?

3) 내 삶에서 어려운 상황을 해결할 때 어떤 능력을 사용했나요?

4) 내가 자주 받는 칭찬은 무엇인가요?

2. 엄마의 강점 기반 목표 설정하기

1) 나의 강점을 어떻게 발전시킬 수 있을까요? (예: 더 많은 리더십 역할을 맡기, 문제 해결 능력 키우기 위한 교육 수강 등)

2) 내가 원하는 미래는 무엇인가요? (예: 경력 목표, 가족 내 역할 등)

3) 내 강점을 기반으로 한 단기 목표(1년 이내)와 장기 목표(5년 이내)는 무엇인가요?

3. 강점을 발전시키기 위한 엄마의 실천 계획 세우기

1) 내 강점을 발전시키기 위한 일주일 또는 한 달 동안의 실천 계획은 무엇인 가요? (예: 매주 리더십 관련 책 읽기, 팀 프로젝트에서 역할 확대 등)

2) 내가 할 수 있는 일상적인 행동 변화는 무엇인가요? (예: 더 자주 피드백 주기, 더 많은 대화 참여하기 등)

3) 자녀와 함께 성장하기 위해 부모로서 실천할 수 있는 행동은 무엇인가요?

4. 주기적으로 점검하기

1) 한 달 후, 내가 설정한 목표는 얼마나 달성되었나요?

2) 자녀의 강점은 얼마나 발전했나요? 그 과정에서 느낀 점은 무엇인가요?

3) 목표를 향한 진행 상황을 점검하며 필요한 조정은 무엇이 있을까요?

[참고문헌]

Goleman, D. (1995). Emotional Intelligence: Why It Can Matter More Than IQ. Bantam Books.

Bradberry, T., & Greaves, J. (2009). Emotional Intelligence 2.0. TalentSmart.

Goldman, H. (2015). DISC Personality Testing: The Complete Guide to Understanding DISC and What It Can Tell You About Your Personality, Your Strengths, and Your Potential. Createspace Independent Publishing Platform.

Stewart, E. J. (2003). Personality Style at Work: The DISC Model. Pearson Education.

나의 태도로 너를 대하지 않게

1판 1쇄 발행 2025년 2월 18일

지은이 남현정

편집 이새희
마케팅 • 지원 김혜지

펴낸곳 (주)하움출판사   펴낸이 문현광

이메일 haum1000@naver.com   홈페이지 haum.kr
블로그 blog.naver.com/haum1000   인스타 @haum1007

ISBN 979-11-7374-002-2(03590)